NUMBER THEORY

정수론

윤영진 지음

KyoWooSa 教友社

머리말

Preface

정수론(Number Theory)은 기하학과 더불어 수학의 여러 분야 중에서 가장 오래된 분야라고 할 수 있다. 최근에는 컴퓨터가 급속히 발달하면서 정수론이 암호학(Cryptology), 부호이론(Coding Theory) 등 여러 응용대수학 분야에서 사용된다.

이 책은 수학을 전공하는 대학생들에게 정수론 입문 학부 교재로 사용될 수 있고, 경시대회를 준비하는 중-고등학생들에게도 도움이 되리라고 생각한다. 물론 일반인들의 경우 특별한 예비 지식이 없어도 충분히 읽을 수 있다고 생각한다. 특별히 이 책은 많은 중요한 연습문제가 해답과 함께 제시되어 있고 예제가 풀이와 같이 있고 또 도전해 볼 만한 문제들이 다수 포함되어 있다.

이 책은 모두 8장으로 구성되어 있다.

제1장은 수학적 귀납법, 이항정리, 정수의 기본적인 성질, 최대공약수, 최소공배수, 서로소, 디오판투스 방정식의 해법에 관해 살펴본다.

제2장은 소수의 정의와 성질, 정수론의 기본정리, 가우스 함수, 메르센느 소수, 완전수, 페르마 소수에 관해 살펴본다.

제3장은 합동의 성질과 그 응용, 완전잉여계, 합동식의 해법, 연립합동식의 해법인 중국인의 나머지 정리에 관해 살펴본다.

제4장은 라그랑즈 정리, 페르마 정리, 윌슨 정리, 유사 소수, 카마이클 수, 오일러 정리, 기약잉여계, 정수론적 함수, 뫼비우스 반전공식에 관해 살펴본다.

제5장은 위수의 정의와 성질, 원시근의 정의와 그 응용, 지표에 관해 살펴본다.

제6장은 이차합동식의 해법, 이차잉여, 르장드르 기호, 오일러의 규준, 이차잉여의 상호법칙에 관해 살펴본다.

제7장은 두 제곱수의 합, 네 제곱수의 합, 페르마의 마지막 정리, 피타고라스의 세 수, 여러 가지 부정방정식에 관해 살펴본다.

제8장은 유한연분수, 무한연분수, 펠 방정식에 관해 살펴본다.

부록에 1과 1000 사이에 있는 소수들을 나열한 표를 제시하였다.

끝으로 이 책이 나오기까지 도와주신 교우사 여러분께 진심으로 감사를 드리며, 항상 옆에서 도움을 아끼지 않은 아내 도혜경과 사랑하는 딸 은혜에게 이 책을 드립니다.

저자

차례

CHAPTER 01

정수(Integers)

1.0 서 론

양의 정수, 즉 자연수의 집합을 $\mathbb{N} = \{1, 2, 3, \cdots\}$으로 표시하고 정수의 집합은

$$\mathbb{Z} = \mathbb{N} \bigcup \{0\} \bigcup \{-n \mid n \in \mathbb{N}\}$$

으로 표시한다.

정수 전체의 집합 $\mathbb{Z}$는 양의 정수 전체의 집합 $\mathbb{N}$에 대한 다음 공리에 의해 완전히 결정된다.

정렬성의 원리(Well-ordering property)

양의 정수 전체의 집합 $\mathbb{N}$의 공집합이 아닌 부분집합은 최소 원소를 가진다.
즉, $\varnothing \neq S \subseteq \mathbb{N}$ 일 때, 모든 $n \in S$에 대하여 $l \leq n$인 원소 $l \in S$이 존재한다.

먼저 정렬성의 원리를 이용하여 아르키메데스 원리와 유한 귀납법의 기본원리를 보일 수 있다.

정리 1. [아르키메데스 원리(Archimedean property)]

a, b가 양의 정수이면 $na \geq b$를 만족시키는 양의 정수 n이 존재한다.

증명 위의 정리가 참이 아니라고 가정하자. 그러면 a, b에 대해 모든 양의 정수 n은 $na < b$를 만족하고 집합

$$S = \mathrm{b - na} \mid \mathrm{n}\text{은 양의 정수}$$

는 양의 정수로만 이루어진다. 정렬성의 원리에 의하여 S는 최소 원소, 예를 들어 $b - ma$를 가진다. S가 이런 형태로 이루어진 모든 정수를 포함하므로 $b-(m+1)a \in S$그런데

$$b-(m+1)a = (b-ma) - a < b - ma$$

즉 $b - ma$가 S의 최소 원소라는 사실에 모순되는 결과를 얻는다. 이것은 아르키메데스 원리가 성립하지 않는다는 것이 모순임을 알 수 있다. 따라서 이 원리는 참이다. ■

정리 2. [유한 귀납법의 제일 원리(First Principle of Finite Induction)]

양의 정수들로 이루어진 집합 S가 다음 두 가지 성질을 만족한다고 하자.

(i) 정수 1은 S에 속한다.

(ii) 정수 k가 S에 속하면, 정수 $k+1$도 S에 속한다.

그러면 S는 모든 양의 정수를 가진다.

증명 집합 T를 S에 속하지 않는 모든 양의 정수의 집합이라 하고 T가 공집합이 아니라고 가정하자. 정렬성의 원리에 의하여 T는 최소 원소, 예를 들어 a를 가진다. 1이 S에 속하므로 $a > 1$이고 $0 < a-1 < a$그런데 a가 T의 최소 원소이므로 $a-1$은 T에 속하지 않는다. 즉 $a-1$은 S에 속한다. 가정에 의해 $(a-1)+1 = a$는 S에 속한다.

이것은 a가 T에 속한다는 사실에 모순이다. 따라서 T가 공집합이라는 것을 알 수 있고 S는 모든 양의 정수를 포함한다는 결론을 얻는다. ■

예제 1-0-1

양의 정수 n에 대하여 $1^2+2^2+3^2+\cdots+n^2=\dfrac{n(n+1)(2n+1)}{6}$을 보여라.

풀이 $n=1$일 때 $1^2=1=\dfrac{1\cdot2\cdot3}{6}$이므로 성립한다. $n=k$일 때 성립한다고 가정하고 $n=k+1$일 때 성립함을 보이자.

$$1^2+2^2+\cdots+k^2+(k+1)^2=\frac{k(k+1)(2k+1)}{6}+(k+1)^2$$
$$=(k+1)\left[\frac{k(2k+1)+6(k+1)}{6}\right]$$
$$=(k+1)\left[\frac{2k^2+7k+6}{6}\right]$$
$$=\frac{(k+1)(k+2)(2k+3)}{6}$$

참고로, 정리 2에서 (ii) 대신에

(ii') 양의 정수 k에 대해 $1, 2, \ldots, k$가 S에 속하면, 정수 $k+1$도 S에 속한다.

를 이용해도 정리 2는 성립한다. 증명은 위와 거의 같다. 이를 유한 귀납법의 제이 원리(Second Principle of Finite Induction)라 한다.

예제 1-0-2

수열 $\{a_n\}$이 $a_1=1,\ a_2=3,\ a_n=a_{n-1}+a_{n-2}\ (n\geq 3)$로 정의될 때, 양의 정수 n에 대하여 다음 부등식을 증명하라.

$$a_n<\left(\frac{7}{4}\right)^n$$

풀이 먼저 $n=1, n=2$일 때

$$a_1=1<\frac{7}{4},\ a_2=3<\left(\frac{7}{4}\right)^2=\frac{49}{16}$$

이므로 성립한다.

이제 $k \geq 3$일 때 $n = 1, 2, ..., k-1$에 대해서 부등식이 성립한다고 가정하자. 그러면

$$a_{k-1} < \left(\frac{7}{4}\right)^{k-1}, \ a_{k-2} < \left(\frac{7}{4}\right)^{k-2}$$

따라서 $a_k = a_{k-1} + a_{k-2}$

$$< \left(\frac{7}{4}\right)^{k-1} + \left(\frac{7}{4}\right)^{k-2} = \left(\frac{7}{4}\right)^{k-2}\left(\frac{7}{4}+1\right) = \left(\frac{7}{4}\right)^{k-2} \cdot \frac{11}{4} < \left(\frac{7}{4}\right)^{k-2} \cdot \left(\frac{7}{4}\right)^{2} = \left(\frac{7}{4}\right)^{k}$$

이므로 유한 귀납법의 제이 원리에 의해 모든 양의 정수 n에 대하여 $a_n < \left(\frac{7}{4}\right)^n$ 이 성립한다.

$0 \leq k \leq n$을 만족하는 양의 정수 n과 정수 k에 대하여 이항계수(binomial coefficient)는 다음과 같이 정의된다.

$$\binom{n}{k} = \frac{n!}{k!(n-k)!}$$

또한 다음은 유용한 항등식으로 파스칼의 공식(Pascal's rule)이라 부른다.

$$\binom{n}{k} + \binom{n}{k-1} = \binom{n+1}{k} \quad (1 \leq k \leq n)$$

정리 3. [이항정리(Binomial Theorem)]

양의 정수 n에 대하여 $(a+b)^n = \sum_{k=0}^{n} \binom{n}{k} a^{n-k} b^k$

증명 $n = 1$일 때

$$(a+b)^1 = \sum_{k=0}^{1} \binom{1}{k} a^{1-k} b^k = \binom{1}{0} a^1 b^0 + \binom{1}{1} a^0 b^1 = a + b$$

이므로 성립한다.

$n = k$일 때 성립한다고 가정하고 $n = k+1$일 때 성립함을 보이면 된다.

$$
\begin{aligned}
(a+b)^{k+1} &= a(a+b)^k + b(a+b)^k \\
&= \sum_{i=0}^{k}\binom{k}{i}a^{k-i+1}b^i + \sum_{j=0}^{k}\binom{k}{j}a^{k-j}b^{j+1} \\
&= a^{k+1} + \sum_{i=1}^{k}\binom{k}{i}a^{k-i+1}b^i + \sum_{i=1}^{k}\binom{k}{i-1}a^{k+1-i}b^i + b^{k+1} \\
&= a^{k+1} + \sum_{i=1}^{k}\left[\binom{k}{i}+\binom{k}{i-1}\right]a^{k+1-i}b^i + b^{k+1} \\
&= \sum_{i=0}^{k+1}\binom{k+1}{i}a^{k+1-i}b^i
\end{aligned}
$$

■

예제 1-0-3

다음 항등식을 증명하라.

(1) $\binom{n}{1}+2\binom{n}{2}+3\binom{n}{3}+\cdots+n\binom{n}{n}=n2^{n-1}$

(2) $\binom{n}{0}-\frac{1}{2}\binom{n}{1}+\frac{1}{3}\binom{n}{2}-\cdots+\frac{(-1)^n}{n+1}\binom{n}{n}=\frac{1}{n+1}$

풀이 (1) 정리 3에 의해, $(1+x)^n=\sum_{k=0}^{n}\binom{n}{k}x^k$ 이다. 양변을 x에 관해 미분하면

$$n(1+x)^{n-1}=\sum_{k=1}^{n}k\binom{n}{k}x^{k-1}$$

이제 $x=1$을 대입하면 $\sum_{k=1}^{n}k\binom{n}{k}=n2^{n-1}$

(별해) $\binom{n}{k}\binom{k}{r}=\binom{n}{r}\binom{n-r}{k-r}$ $(n\ge k\ge r\ge 0)$에서 $r=1$이면 $k\binom{n}{k}=n\binom{n-1}{k-1}$

따라서 $\sum_{k=1}^{n}k\binom{n}{k}=n\sum_{k=1}^{n}\binom{n-1}{k-1}=n\sum_{k=0}^{n-1}\binom{n-1}{k}=n2^{n-1}$

(2) $k\binom{n}{k}=n\binom{n-1}{k-1}$에서 $\frac{1}{n+1}\binom{n+1}{k+1}=\frac{1}{k+1}\binom{n}{k}$

그런데 $\sum_{k=0}^{n}\frac{(-1)^k}{k+1}\binom{n}{k}=\frac{1}{n+1}\sum_{k=0}^{n}(-1)^k\binom{n+1}{k+1}=\frac{1}{n+1}$

예제 1-0-4

(1) $n \geq 2$일 때 $\binom{2}{2}+\binom{3}{2}+\binom{4}{2}+\cdots+\binom{n}{2}=\binom{n+1}{3}$을 보여라.

(2) $k \geq 2$일 때 $k^2 = 2\binom{k}{2}+k$를 이용하여 다음 식을 보여라.

$$1^2+2^2+3^2+\cdots+n^2 = \frac{n(n+1)(2n+1)}{6}$$

(3) 양의 정수 n에 대하여 $1 \cdot 2+2 \cdot 3+\cdots+n(n+1) = \frac{n(n+1)(n+2)}{3}$을 보여라.

(4) $n \geq 2$일 때 $\binom{2}{2}+\binom{4}{2}+\binom{6}{2}+\cdots+\binom{2n}{2}=\frac{n(n+1)(4n-1)}{6}$을 보여라.

풀이 (1) $n=2$일 때 성립한다. $n=k$일 때 성립한다고 가정하고 $n=k+1$일 때 성립함을 보이자. 그런데

$$\binom{2}{2}+\binom{3}{2}+\cdots+\binom{k}{2}+\binom{k+1}{2}=\binom{k+1}{3}+\binom{k+1}{2}=\binom{k+2}{3}$$

따라서 모든 정수 $n \geq 2$에 대하여 성립한다.

(2) $\sum_{k=1}^{n} k^2 = 2\sum_{k=1}^{n}\binom{k}{2}+\sum_{k=1}^{n} k = 2\binom{n+1}{3}+\binom{n+1}{2}=\frac{n(n+1)(2n+1)}{6}$

(3) $k \geq 2$일 때 $(k-1)k = 2\binom{k}{2}$이므로

$$\sum_{k=2}^{n+1}(k-1)k = 2\sum_{k=2}^{n+1}\binom{k}{2}=2\binom{n+2}{3}=\frac{n(n+1)(n+2)}{3}$$

(4) $k \geq 2$일 때 $\binom{2k}{2}=2\binom{k}{2}+k^2$이므로

$$\sum_{k=1}^{n}\binom{2k}{2}=2\sum_{k=1}^{n}\binom{k}{2}+\sum_{k=1}^{n}k^2=2\binom{n+1}{3}+\frac{n(n+1)(2n+1)}{6}=\frac{n(n+1)(4n-1)}{6}$$

1.1 정수의 성질

이제 정렬성의 원리를 이용하여 정수론에서 자주 등장하는 다음 정리, 즉 나눗셈 알고리즘(division algorithm)을 증명하자.

정리 1. [나눗셈 알고리즘(division algorithm)]

정수 a, 양의 정수 b에 대하여 다음을 만족하는 유일한 정수 q, r이 존재한다.

$$a = bq + r, \quad 0 \le r < b$$

증명 먼저 존재성(existence)을 증명하자.

$S = \{a - nb \mid n \in \mathbb{Z},\ a - nb \ge 0\}$로 놓자. 그런데 $n = -|a|$일 때

$$a - (-|a|)b = a + |a|b \ge a + |a| \ge 0$$

이므로 $S \ne \varnothing$ 따라서 정수의 정렬성에 의하여 최소 원소

$$r = a - qb \in S, \ (b \in \mathbb{Z})$$

이 존재한다. 즉

$$a = qb + r, \quad r \ge 0$$

만약 $r \ge b$이면

$$0 \le a - (q+1)b = r - b < r$$

이므로 S의 최소원이 r이라는 사실에 모순이다. 따라서 $r < b$ 이제 유일성(uniqueness)을 증명하자.

$$a = qb + r = q'b + r', \quad 0 \le r < b, \quad 0 \le r' < b$$

라 가정하면

$$r - r' = (q' - q)b$$

만약 $q' \neq q$이면 $|q'-q| \geq 1$이고

$$|r-r'| \geq |b| = b$$

그러나 $0 \leq r, r' \leq b-1$이므로 $|r-r'| \leq b-1$이어서 모순이다. 따라서

$$q' = q, \quad r' = r$$

■

여기서 q를 몫(quotient), r를 나머지(remainder)라고 한다. 양변을 b로 나누면

$$\frac{a}{b} = q + \frac{r}{b}, \quad 0 \leq \frac{r}{b} < 1$$

따라서 몫 q는 $\frac{a}{b}$의 정수부분 즉 $q = \left[\frac{a}{b}\right]$이고 나머지 r는 $r = a - \left[\frac{a}{b}\right]b$

(여기서 $[x]$는 x를 넘지 않는 최대 정수)

예를 들어, $a_n = n - 4\left[\frac{n}{4}\right]$은 n을 4로 나눈 나머지를 의미한다.

나눗셈 알고리즘을 이용하는 예를 들어보자.

예제 1-1-1

정수의 완전제곱을 8로 나눈 나머지는 0, 1, 4뿐임을 증명하라.

증명 나눗셈 알고리즘에 의해 모든 정수는 $4k$, $4k+1$, $4k+2$, $4k+3$ 중에 하나이므로

$$(4k)^2 = 8(2k^2)$$

$$(4k+1)^2 = 8(2k^2+k)+1$$

$$(4k+2)^2 = 8(2k^2+2k)+4$$

$$(4k+3)^2 = 8(2k^2+3k+1)+1$$

이다.

이를 이용하여, 다음 문제를 증명할 수 있다.

예제 1-1-2

임의의 정수 n에 대하여 n^2+1은 8로 나누어지지 않음을 증명하라.

증명 n^2을 8로 나눈 나머지는 0, 1, 4뿐이므로 n^2+1을 8로 나눈 나머지는 1, 2, 5뿐이다. 따라서 n^2+1은 8로 나누어지지 않는다.

정수 a, b에 대하여

$$a = qb, \quad q \in \mathbb{Z}$$

이면, b는 a를 나눈다고 하고, b는 a의 약수(divisor) 혹은 인수(factor)라 하며, a는 b의 배수(multiple)라 한다. 기호로,

$$b \mid a$$

만약 b가 a를 나누지 않으면, 기호로

$$b \nmid a$$

특별한 경우로, 모든 정수는 0을 나누고 ($\because 0 = 0 \cdot b$), 1은 모든 정수를 나눈다.

정리 2.

(1) c가 $a_1, \cdots, a_k$를 나누면 임의의 정수 $u_1, \cdots, u_k$에 대하여 c는 $a_1u_1 + \cdots + a_ku_k$를 나눈다.
(2) $a|b$이면서 $b|a$일 필요충분조건은 $a = \pm b$
(3) $d|a$이고 $a \neq 0$이면, $|d| \leq |a|$

증명 (1) $a_i = q_i c$, $q_i \in \mathbb{Z}$ $(i = 1, \cdots, k)$이므로

$$a_1u_1 + \cdots + a_ku_k = q_1cu_1 + \cdots + q_kcu_k = (q_1u_1 + \cdots + q_ku_k)c$$

이고, $q_1u_1 + \cdots + q_ku_k$가 정수이므로

$$c \mid (a_1u_1 + \cdots + a_ku_k)$$

(2) $a = \pm b$이면,

$$b = qa, \ a = q'b, \ (q, q' = \pm 1)$$

이므로 $a|b$이고 $b|a$이다.

역으로, $a|b$이고 $b|a$라고 가정하자. 즉,

$$b = qa, \ a = q'b, \ (q, q' \in \mathbb{Z})$$

$b = 0$이면 $a = q'b = 0$따라서 $a = \pm b$이다.

$b \neq 0$라고 가정하자. $b = qa, \ a = q'b$에서 a를 소거할 때 $b = qq'b$이고 $b \neq 0$이므로 b를 소거하면 $qq' = 1$ 즉, $q, q' = \pm 1$ 따라서 $a = \pm b$이다.

(3) $d|a$이므로 $a = qd$이고, $a \neq 0$이므로 $q \neq 0$이다. 즉, $|q| \geq 1$ 따라서

$$|a| = |q| \cdot |d| \geq |d|$$

■

$d|a, \ d|b$이면 d를 a와 b의 공약수(common divisor)라고 한다. 1은 임의의 두 정수 a, b의 공약수이다. a와 b가 둘 다 0이 아니라면 정리 2에 의해, a, b의 어떤 공약수도 $\max\{|a|, |b|\}$보다 크지 않다. 따라서 그 공약수들 중에서 최대공약수가 존재한다.

정수 a, b의 최대공약수(greatest common divisor)는 다음 두 조건을 만족하는 유일한 자연수 d이다. 기호로, $\gcd(a, b)$ 혹은 (a, b)로 표시한다.

(1) $d|a, \ d|b$ (즉, d는 a와 b의 공약수)

(2) $c|a, \ c|b$이면 $c \leq d$ (즉, 어떤 공약수도 d를 넘지 못한다.)

예를 들어, 12의 양의 약수는 1, 2, 3, 4, 6, 12이고 18의 양의 약수는 1, 2, 3, 6, 9, 18이므로 12와 18의 양의 공약수는 1, 2, 3, 6이다. 이들 중 6이 가장 크므로 $\gcd(12, 18) = 6$

다음 정리는 a, b의 최대공약수 $\gcd(a, b)$가 a, b의 일차결합, 즉 $ax+by$의 꼴로 표현됨을 말해준다. 여기서 x, y는 정수이다. 예를 들어,

$$\gcd(12, 18) = 6 = 12 \cdot (-1) + 18 \cdot 1$$

정리 3.

적어도 하나는 0이 아닌 주어진 정수 a, b에 대하여

$$\gcd(a, b) = ax + by$$

를 만족하는 정수 x, y가 존재한다.

증명 $S = \{\mathrm{au} + \mathrm{bv} \mid \mathrm{au} + \mathrm{bv} > 0,\ \mathrm{u},\ \mathrm{v}\text{는 정수}\}$로 놓자.
만약 $a \neq 0$이면 $|a| = au + b \cdot 0$은 u를 1 또는 -1로 할 때 S에 속하므로 S는 공집합이 아니다. 정렬성의 원리에 의하여 S는 최소 원소 d를 가진다. 즉 $d = ax + by$이제 $d = \gcd(a, b)$임을 보이자.
나눗셈 알고리즘을 이용하면 $a = qd + r,\ 0 \leq r < d$를 만족하는 정수 q, r을 얻을 수 있다. 그러면

$$r = a - qd = a - q(ax + by) = a(1 - qx) + b(-qy)$$

r이 양의 정수이면 r이 S의 원소이고 d가 S의 최소 원소라는데 모순이다. 따라서 $r = 0$이고 $a = qd$ 즉 $d \mid a$같은 방법으로 $d \mid b$그러므로 d는 a, b의 공약수이다.
이제 c를 a, b의 양의 공약수라 하면 $c \mid ax + by = d$이므로 $c = |c| \leq |d| = d$ 따라서 $d = \gcd(a,b)$ ■

참고로, 정리 3에서 a, b에 의해 결정되는 x, y는 유일하지 않다. 예를 들어,

$$2 = \gcd(4, 6) = 4 \cdot (-1) + 6 \cdot 1 = 4 \cdot 2 + 6 \cdot (-1)$$

보조정리 1.

$$a = bq + r \text{일 때, } \gcd(a, b) = \gcd(b\ r)$$

증명 $(a, b) = d$, $(b, r) = e$로 놓을 때, $r = a - bq$도 d의 배수이므로 d는 b와 r의 공약수이다. $\therefore d \le e$

같은 방법으로 $a = bq + r$도 e의 배수이므로 e는 a와 b의 공약수 $\therefore e \le d$

따라서 $d = e$ ■

유클리드 알고리즘은

$$\begin{aligned}
a &= q_1 b + r_1, \quad 0 \le r_1 < b \\
b &= q_2 r_1 + r_2, \quad 0 \le r_2 < r_1 \\
r_1 &= q_3 r_2 + r_3, \quad 0 \le r_3 < r_2 \\
&\vdots \\
r_{n-3} &= q_{n-1} r_{n-2} + r_{n-1}, \quad 0 \le r_{n-1} < r_{n-2} \\
r_{n-2} &= q_n r_{n-1}
\end{aligned}$$

에서 보조정리 1을 이용하여

$$(a, b) = (b, r_1) = (r_1, r_2) = \cdots = (r_{n-2}, r_{n-1}) = r_{n-1}$$

을 얻는다. 즉 이 알고리즘에서 처음으로 나머지가 0이 되기 바로 전 나머지가 구하는 최대공약수가 된다.

유클리드 알고리즘의 역순으로, 임의의 정수 a, b (둘 다 0은 아님.)에 대하여, 다음을 만족하는 정수 u, v를 구할 수 있다.

$$d = \gcd(a, b) = au + bv.$$

예제 1-1-3

1769와 2378의 최대공약수 (1769, 2378)을 구하고, $(1769, 2378) = 1769u + 2378v$인 정수 u, v를 구하여라.

풀이 $2378 = 1 \cdot 1769 + 609$

$1769 = 2 \cdot 609 + 551$

$609 = 1 \cdot 551 + 58$

$551 = 9 \cdot 58 + 29$

$58 = 2 \cdot 29$

따라서 $(1769, 2378) = 29$

이제 유클리드 알고리즘의 역순으로 $(1769, 2378) = 1769u + 2378v$인 정수 u, v를 구하자.

$$\begin{aligned} 29 &= 551 - 9 \cdot 58 \\ &= 551 - 9(609 - 1 \cdot 551) = 10 \cdot 551 - 9 \cdot 609 \\ &= 10(1769 - 2 \cdot 609) - 9 \cdot 609 = 10 \cdot 1769 - 29 \cdot 609 \\ &= 10 \cdot 1769 - 29(2378 - 1 \cdot 1769) = 39 \cdot 1769 - 29 \cdot 2378 \end{aligned}$$

이므로 $u = 39,\ v = -29$

세 개 이상의 정수 $a_1, \cdots, a_k$에 대한 최대공약수는 다음 두 조건을 만족하는 유일한 정수 d이다.

(1) $d \mid a_i \ (i = 1, 2, \cdots, k)$

(2) $c \mid a_i \ (i = 1, 2, \cdots, k)$ 이면 $c \le d$

연습문제 2를 이용하면, c가 $a_1, \cdots, a_k$를 나누기 위한 필요충분조건은 c가 $\gcd(a_1, a_2), a_3, \cdots, a_k$를 나누는 것이다. 따라서 그러한 최대의 c는 $\gcd(a_1, a_2, \cdots, a_k)$와 $\gcd(\gcd(a_1, a_2), a_3, \cdots, a_k)$이다. 즉

$$\gcd(a_1, a_2, \cdots, a_k) = \gcd(\gcd(a_1, a_2), a_3, \cdots, a_k)$$

정리 4.

둘 다 0은 아닌 정수 a, b에 대하여, $d=\gcd(a, b)$임의의 정수 c에 대하여 $d|c$일 필요 충분조건은 $c=au+bv$ $(u, v\in \mathbb{Z})$의 형태이다. 즉, d는 $au+bv$ $(u, v\in \mathbb{Z})$ 형태의 최소 양의 정수이다.

증명 $c=ax+by$ $(x, y\in \mathbb{Z})$의 형태이면 d가 a, b를 나누므로 정리 2에 의해 $d|c$
역으로, $c=de$, $e\in \mathbb{Z}$ 라고 가정하자. 정리 3에 의하여

$$d=ax+by$$

인 정수 x, y가 존재하므로

$$c=axe+bye=au+bv$$

여기서 $u=xe$, $v=ye$는 정수이다. ■

$\gcd(a, b)=1$일 때, 두 정수 a,b를 서로소(relatively prime, 혹은 coprime)라고 한다. 일반적으로,

$$\gcd(a_1, \cdots, a_k)=1$$

일 때, 정수 $a_1, \cdots, a_k$는 서로소라고 한다. 그리고 모든 $1\le i\ne j\le k$에 대하여 $\gcd(a_i, a_j)=1$일 때, 정수 $a_1, \cdots, a_k$는 쌍마다 서로소(mutually coprime)라고 한다.

쌍마다 서로소이면 서로소이지만 그 역은 성립하지 않는다. 예를 들어, 2, 3, 4는 서로소이지만 쌍마다 서로소는 아니다.

따름정리 1.

두 정수 a, b가 서로소이기 위한 필요충분조건은

$$ax+by=1$$

인 정수 x, y가 존재하는 것이다.

증명 $\gcd(a, b)=d$라 놓자. 정리 4에서 $c=1$일 때, $ax+by=1$인 정수 x, y가 존재할 필요충분조건은 $d|1$ 즉 $d=1$이다. ■

따름정리 2.

$\gcd(a, b) = d$이면, 임의의 양의 정수 m에 대하여

$$\gcd(ma, mb) = md$$

이고

$$\gcd\left(\frac{a}{d}, \frac{b}{d}\right) = 1$$

증명 정리 4에 의하여, $\gcd(ma, mb)$는 $max + mby = m(ax + by)$의 형태의 최소 양의 정수이다. 여기서 x, y는 정수이다. d가 $ax + by$의 형태의 최소 양의 정수이므로

$$\gcd(ma, mb) = md$$

$d = au + bv$에서 양변을 d로 나누면 $\frac{a}{d}u + \frac{b}{d}v = 1$

따름정리 6을 이용하면 $\gcd\left(\frac{a}{d}, \frac{b}{d}\right) = 1$ ■

다음 문제를 살펴보자.

예제 1-1-4

n이 자연수일 때, $\dfrac{9n^2 + 15n + 13}{21n^2 + 35n + 30}$이 기약분수임을 증명하라.

증명 $a = 9n^2 + 15n + 13$, $b = 21n^2 + 35n + 30$로 놓으면 $7a - 3b = 1$이므로 a, b는 서로소이다. (사실 a, b가 공약수 d를 가지면 $7a - 3b$는 d의 배수이다. 그런데 $7a - 3b = 1$이므로 $d = 1$이다.) 따라서 $\frac{a}{b}$는 기약분수이다.

예제 1-1-5

두 정수 a,b가 서로소일 때, 다음을 증명하라.

(1) $a \mid c,\ b \mid c \ \Rightarrow\ ab \mid c$

(2) $a \mid bc \ \Rightarrow\ a \mid c$

증명 (1) 정수 x, y, e, f 에 대하여

$ax + by = 1,\ \ c = ae,\ \ c = bf$

따라서

$c = cax + cby = (bf)ax + (ae)by = ab(fx + ey)$

이므로 $ab \mid c$

(2) 정수 x, y에 대하여

$ax + by = 1$

이므로 $c = cax + cby$

그런데 $a \mid bc$이므로 $a \mid c$

$a|c,\ b|c$이면 c를 a와 b의 공배수(common multiple)라고 한다. a와 b가 둘 다 0이 아니라면a,b는 양의 공배수를 갖는다. (예를 들면, $|ab|$)

a,b의 최소공배수(least common multiple)는 다음 두 조건을 만족하는 유일한 양의 정수 l이다. (기호로, $\mathrm{lcm}(a,b)$ 또는 $[a,b]$로 표시한다.)

(1) $a|l,\ b|l$ (즉, l는 a와 b의 공배수)

(2) $a|c,\ b|c,\ c > 0$ 이면 $l \leq c$ (즉, 어떤 양의 공배수도 l보다 작지 않다.)

최소공배수의 정의에 의해

$$a\mathbb{Z} \cap b\mathbb{Z} = [a,b]\mathbb{Z}$$

예제 1-1-6

양의 정수 a, b에 대하여, $d=\gcd(a, b)$, $l=\mathrm{lcm}(a,b)$일 때 다음을 증명하라.

$$dl = ab$$

풀이 $a=de$, $b=df$, $(e, f)=1$로 놓자. 그러면

$$\frac{ab}{d}=\frac{de \cdot df}{d}=\mathrm{def}$$

def가 양의 정수이므로 def가 최소공배수이기 위한 두 조건을 만족함을 보이자. 먼저

$$\mathrm{def}=(de)f=af, \quad \mathrm{def}=(df)e=bf$$

이므로 $a|\mathrm{def}$, $b|\mathrm{def}$

또한 $a|c$, $b|c$, $c>0$라고 가정하자.$d=au+bv$인 정수 u,v가 존재한다. 그런데

$$\frac{c}{\mathrm{def}}=\frac{cd}{(de)(df)}=\frac{cd}{ab}=\frac{c(au+bv)}{ab}=\frac{c}{b}u+\frac{c}{a}v$$

은 정수이므로 $\mathrm{def}\mid c$이고 따라서 $\mathrm{def}\le c$

예제 1-1-7

$4 \cdot abcd = dcba$ 를 만족시키는 네 자리 수 $abcd$를 구하여라.

풀이 $4 \cdot abcd = dcba$이므로 $a<3$ ($\because 4 \cdot 3000 = 12000$은 다섯 자리 수)
그리고 $dcba$는 짝수이므로 $a=2$
$4 \cdot 2bcd = dcb2$에서 $d \ge 8$이고 $d \cdot 4$의 일의 자리수는 2이므로 $d=8$ 즉
$4 \cdot 2bc8 = 8cb2$
$8000+400b+40c+32=8000+100c+10b+2 \Rightarrow 390b+30=60c \Rightarrow$
$13b+1=2c$
우변이 짝수이므로 $2c \le 18$이다. b가 홀수이고 2보다 작으므로 $b=1$, $c=7$
따라서 구하는 답은 2178

예제 1-1-8

정수 a, b, c가

$$a+2b+3c=35, \quad ab+bc+ca=61$$

을 만족시킬 때, a의 최대값을 구하여라.

풀이 $3c=35-a-2b$이고 $3ab+3c(a+b)=183$이므로

$$3ab+(35-a-2b)(a+b)=183$$

이고 이 식을 정리하면

$$2b^2-35b+a^2-35a+183=0$$

이다. 따라서

$$b=\frac{35\pm\sqrt{35^2-8(a^2-35a+183)}}{4}$$

이고

$$35^2-8(a^2-35a+183)=2211-2(2a-35)^2$$

이다. 그런데 $2\cdot 33^2<2211<2\cdot 34^2$이므로 $(2a-35)^2\le 33^2$이다. 따라서 $2a-35\le 33$이므로 $a\le 34$이다. 만약 $a=34$이면 $2211-2(2a-35)^2=33$이므로 $a\neq 34$이고 $a=33$이면 $2211-2(2a-35)^2=289=17^2$이므로 $b=13$, $c=-8$이다. 또 $a=33$, $b=13$, $c=-8$은 주어진 조건을 만족시키므로 구하는 a의 최대값은 33이다.

예제 1-1-9

자연수 m, n이 식 $2m^2+2n^2=137(m-n)$을 만족시킬 때, $m+n$의 값은 얼마인가?

풀이 $2m^2+2n^2=137(m-n)>0$이므로 $m-n>0$

$2\mid(m-n)$이므로 $m-n=2k$ (k는 자연수)라 두자.

$2m^2+2n^2=2\cdot 137\cdot k$에 $m=2k+n$을 대입하여 정리하면

$(2k+n)^2 + n^2 = 137k$

즉 $4k^2 + 4nk + 2n^2 = 137k$이므로 k는 2의 배수다. $k = 2t$

$m = n + 4t$를 처음 식에 대입하여 정리하면 $2(n+4t)^2 + 2n^2 = 4 \cdot 137 \cdot t$

$\Leftrightarrow\ n^2 + 4nt + 8t^2 = 137t\ \Leftrightarrow\ (n+2t)^2 = t(137-4t)$

$(t, 137-4t) = (t, 137) = 1$ 또는 137인데 $(t,\ 137) = 137$이면
$(n+2t)^2 = t(137-4t) < 0$이므로

모순이다. 따라서 $(t,\ 137-4t) = (t,\ 137) = 1$이고 $t = x^2,\ 137 - 4t = y^2\,(x,\ y$
는 서로소인 자연

수$)\ \Rightarrow\ 137 - 4t = 137 - 4x^2 = y^2$ 즉 $4x^2 + y^2 = 137$

x가 6이상이면 $4x^2 + y^2$이 137보다 크므로 $x \leqq 5$이다. $x = 1,\ 2,\ 3,\ 4,\ 5$를 대입하여 성립하는 경우를 찾으면 $x = 2,\ y = 11$

$t = x^2,\ k = 2t,\ m - n = 2k,\ (n+2t)^2 = t(137-4t)$을 이용하여 $m,\ n$의 값을 구하면 $m = 30,\ n = 14$따라서 구하는 답은 44

예제 1-1-10

조건 $n^2 = m^4 + 2m^3 + 2m^2 + 2m + 2$를 만족시키는 정수의 순서쌍 (m, n)의 집합을 $A = \{(\mathrm{m_i}, \mathrm{n_i}) \mid \mathrm{i} = 1, 2, \ldots, \mathrm{k}\}$라 할 때, $\sum_{i=1}^{k}(m_i^2 + n_i^2)$의 값은 얼마인가?

풀이 $f(m) = m^4 + 2m^3 + 2m^2 + 2m + 2$라 하면

$f(m) - (m^2+m)^2 = m^2 + 2m + 2 = (m+1)^2 + 1 > 0$

이고

$(m^2+m+1)^2 - f(m) = m^2 - 1$

이다. 그러므로 $m^2 > 1$이면

$(m^2+m)^2 < f(m) < (m^2+m+1)^2$

그러나 m^2+m과 m^2+m+1은 연속되는 두 정수이므로 위의 부등식을 만족

시키는

$f(m)=n^2$인 정수 m이 존재하지 않는다. 따라서 $m^2 \leq 1$

$m=0$이면 $f(0)=2=n^2$을 만족시키는 정수 n이 존재하지 않는다.

$m=1$이면 $f(1)=9=n^2$이므로 $n=\pm 3$

$m=-1$이면 $f(1)=1=n^2$이므로 $n=\pm 1$

그러므로 정수의 순서쌍 (m,n)의 집합 A는

$A=\{(-1,-1),(-1,1),(1,-3),(1,3)\}$

구하는 답은 24

연습문제(1.1)

1. 다음에서 참인 것은 증명을 하고, 거짓인 것은 반례를 들어라.
   (1) $a|b$, $c|d$이면 $(a+c)|(b+d)$이다.
   (2) $a|b$, $c|d$이면 $ac|bd$이다.
   (3) $a|(b+c)$이면 $a|b$이거나 $a|c$이다.

2. $c|a$이고 $c|b$일 필요충분조건은 $c|\gcd(a, b)$임을 증명하라.

3. 임의의 정수 n에 대하여, 다음을 증명하라.
   (1) $4 \nmid (n^2+2)$
   (2) $2 \nmid n,\ 3 \nmid n \quad \Rightarrow \quad 24|(n^2-1)$

4. 홀수 n, m에 대하여 n^2+m^2은 완전제곱수가 아님을 증명하라.

5. 다음을 증명하라.
   $(k,\ n+k)=1 \quad \Leftrightarrow \quad (k,\ n)=1$

6. 양의 정수 n에 대하여 다음 최대공약수를 구하라.
   (1) $(n,\ n+1)$
   (2) $(n,\ n+2)$

7. 임의의 양의 정수 n에 대하여 $(3n+2,\ 5n+3)=1$임을 증명하라.

8. 두 정수 a, b가 서로 소일 때, 다음이 성립함을 증명하라.

(1) $d=(a+b,\ a-b)$라고 하면, $d|2$이다.

(2) $d=(a+b,\ a^2+b^2)$라고 하면, $d|2$이다.

(3) $d=(2a+b,\ a+2b)$라고 하면, $d|3$이다.

(4) $d=(a+b,\ a^2-ab+b^2)$라고 하면, $d|3$이다.

9. 양의 정수 a, b에 대하여 다음이 성립함을 증명하라.

(1) $a=b$일 때, $(a,\ b)=a$이다.

(2) a,b가 모두 짝수일 때, $(a,\ b)=2\left(\frac{a}{2},\ \frac{b}{2}\right)$이다.

(3) a가 짝수이고 b가 홀수일 때, $(a,\ b)=\left(\frac{a}{2},\ b\right)$이다.

(4) a,b가 모두 홀수이고 $a>b$일 때, $(a,b)=(a-b,\ b)$이다.

10. 다음 수열에 있는 어떠한 정수도 완전제곱수가 아님을 증명하라.

$$11,\ 111,\ 1111,\ 11111,\ \cdots$$

11. 동시에 제곱수(square)이면서 세제곱수(cube)인 정수는 $7k$나 $7k+1$의 형태임을 증명하라.

12. 임의의 정수 n에 대하여, $n,\ n+2,\ n+4$ 중에서 어느 하나는 3의 배수임을 증명하라.

13. 임의의 양의 정수 a, b, n에 대하여, 다음을 증명하라.

$$\gcd(a^n,\ b^n)=1 \quad\Leftrightarrow\quad \gcd(a,\ b)=1 \quad\Leftrightarrow\quad \gcd(a^n,\ b)=1$$

14. 임의의 양의 정수 a, b, n에 대하여, 다음을 증명하라.

$$a^n | b^n \quad \Leftrightarrow \quad a|b$$

15. 다음을 만족하는 정수 x, y, z를 구하라.

$$\gcd(198, 288, 512) = 198x + 288y + 512z.$$

16. $\gcd(a, b) = 1$이고 $c|(a+b)$이면 $\gcd(a, c) = \gcd(b, c) = 1$임을 증명하라.

17. 완전제곱수를 십진법으로 표현했을 때, 일의 자리수는 2, 3, 7, 8이 될 수 없음을 증명하라. 그리고 1234567은 완전제곱수인가?

18. $f(7) = 11$, $f(11) = 13$인 정수 계수 다항식 $f(x)$가 존재하지 않음을 보여라.

19. 연속한 자연수 5개의 각 제곱의 합이 완전제곱수가 될 수 없음을 보여라.

20. 완전제곱수인 $aabb$ 형태의 네 자리 정수를 모두 구하여라.

21. $121 \nmid n^2 + 3n + 5$을 보여라.

22. 다음을 증명하라.

(1) $a - c \mid ab + cd \Rightarrow a - c \mid ad + bc$

(2) $6 \mid a + b + c \Leftrightarrow 6 \mid a^3 + b^3 + c^3$

23. n이 홀수일 때, $n^2 \equiv 1 \pmod{8}$을 보여라.

24. 다음을 증명하라

(1) $6 \mid n^3 + 5n$

(2) $120 \mid n^5 - 5n^3 + 4n$

(3) $9 \mid 4^n + 15n - 1$

25. (1) $n > 2$일 때, $2^n - 1$이 3의 거듭제곱이 아님을 증명하라.

(2) $n > 3$일 때, $2^n + 1$이 3의 거듭제곱이 아님을 증명하라.

26. 임의의 $a_i \in \{1, -1\}$가 $a_1a_2 + a_2a_3 + \cdots + a_{n-1}a_n + a_na_1 = 0$을 만족시킬 때, $4 \mid n$을 보여라.

27. $999999 \cdot n = 111 \cdots 11$을 만족시키는 최소의 자연수 n을 구하여라.

28. 임의의 정수 a에 대하여 $(a) = \{\mathrm{an} \mid \mathrm{n} \in \mathbb{Z}\}$로 정의하고 $a, b, c, d \in \mathbb{Z}$ $(a \neq 0, b \neq 0)$에 대하여 다음 중 참인 것은 증명하고 거짓인 것은 반례를 들라.

(1) $(b) \subset (a) \quad \Leftrightarrow \quad a \mid b$

(2) $c, d \in (a) \cup (b) \quad \Rightarrow \quad c + d \in (a) \cup (b)$

(3) $c, d \in (a) \cap (b) \quad \Rightarrow \quad c + d \in (a) \cap (b)$

(4) $c, d \in (a) + (b) \quad \Rightarrow \quad c + d \in (a) + (b)$

(여기서 $(a) + (b) = \{\mathrm{ax} + \mathrm{by} \mid \mathrm{x}, \mathrm{y} \in \mathbb{Z}\}$)

(5) $c \in (a) \cap (b) \quad \Rightarrow \quad (a, b) \mid c$

(6) $d \neq 0,\ d \in (a) \cap (b) \quad \Rightarrow \quad d \mid [a, b]$

29. $4 \cdot abcde = edcba$ 를 만족시키는 다섯 자리 수 $abcde$를 구하여라.

30. $ax^2 + bx + c = 0$ $(a \neq 0)$에서 a, b, c가 모두 홀수이면 정수의 근을 갖지 않음을 증명하라.

보충문제(1.1)

1. 두 자연수 $a=11,111,111$와 $b=11,111,\cdots,111$ (1이 1988개)의 최대공약수 (a, b)를 구하라.

2. 임의의 자연수 a에 대하여 a^3+1과 a^7+1의 최대공약수를 구하라.

3. n이 자연수일 때, $\dfrac{5n^2+15n+7}{3n^2+9n+4}$이 기약분수임을 증명하라.

4. 정수 $n>1$에 대하여

$$a=1+\frac{1}{2}+\frac{1}{3}+\cdots+\frac{1}{n}$$

가 자연수가 아님을 증명하고, 또한

$$b=1+\frac{1}{3}+\frac{1}{5}+\cdots+\frac{1}{2n+1}$$

도 자연수가 아님을 증명하라.

5. k개의 연이은 자연수의 곱은 $k!$의 배수임을 증명하라.

6. 두 수 1769, 2378의 최대공약수를 구하고, 이를 두 수의 일차결합으로 표시하라.

7. 양의 정수 a, b, c, d $(b \neq d)$에 대해 $\dfrac{a}{b}$, $\dfrac{c}{d}$가 기약분수이면, $\dfrac{a}{b}+\dfrac{c}{d}$는 정수가 아님을 증명하라.

8. $n!+1$과 $(n+1)!+1$의 최대공약수를 구하라.

9. 다음을 만족하는 자연수 a, b를 구하라.

$$a+b=5432, \quad [a, b]=223020$$

10. $(a, b)=10$일 때, (a^3, b^4)를 구하라.

11. $e=\sum_{n=0}^{\infty}\frac{1}{n!}$이 무리수임을 증명하라.

12. 정수 x, y에 대하여 $\frac{x}{30}+\frac{y}{36}$이 가질 수 있는 양의 최소값을 구하라.

13. 참이면 증명을 하고 거짓이면 반례를 들라.
$d \neq 0$, $c=ax+by$일 때 $d|c$이고 $d|b$이면 $d|a$이다.

14. 임의의 정수 a에 대하여 $3a^2-1$은 완전제곱수가 아님을 증명하라.

15. 모든 정수 $n \geq 0$에 대하여 $48|(5^{2n}+24n-1)$을 증명하라.

16. m, n이 홀수일 때 다음을 증명하라.
(1) $8|m^2-n^2$
(2) $8|m^4+n^4-2$

17. 완전제곱수의 끝자리수는 0, 1, 4, 5, 6, 9임을 증명하라.

18. 양의 정수가 완전제곱수가 되기 위한 필요충분조건은 그 정수가 홀수개의 양의 약수를 가지는 것임을 증명하라.

19. $m>n$일 때 $a^{2^n}+1|a^{2^m}-1$을 증명하라.

20. $(a, b)=1$이면 $(a+b, ab)=1$임을 증명하라.

21. $(a, b) = 1$이면 $(a+b, a^2 - ab + b^2) = 1$ 또는 3임을 증명하라.

22. $(n! + 1, (n+1)! + 1) = 1$을 증명하라.

23. 정수 a, b가 $(1+ab) | (a^2 + b^2)$일 때, 정수 $\dfrac{a^2+b^2}{1+ab}$는 완전제곱수임을 증명하라.

24. 다항식 $x^3 + bx^2 + cx + d$의 계수는 모두 정수이며 $bd + cd$는 홀수일 때, 이 다항식을 인수분해하여 계수가 모두 정수인 다항식의 곱으로 나타낼 수 없음을 증명하라.

25. $mn(m^2 - n^2)$이 6의 배수임을 증명하라.

26. 세 자연수 a, b, c $(a < b < c)$에 대하여 $(b^2 - a^2)(c^2 - a^2)(c^2 - b^2)$이 12의 배수임을 증명하라.

27. $n^3 + 100$이 $n + 10$의 배수가 되는 가장 큰 양의 정수 n을 구하라.

28. $N = 100000 \cdot 100002 \cdot 100006 \cdot 100008 + n$일 때, N이 완전제곱수가 되게 하는 최소의 양의 정수 n을 구하라.

29. 네 개의 연속된 정수의 곱이 완전제곱이 되는 경우를 구하라.

30. 일년을 365일로 생각할 때, '13일의 금요일'이 몇 번 가능한가? 그 최소 수와 최대 수를 구하라.

31. 정수 a, b, c, d가 $ad - bc = 1$을 만족하면, 임의의 자연수 n에 대하여 $\dfrac{an+b}{cn+d}$가 기약임을 증명하라.

32. 임의의 자연수 n에 대하여 $(a^n, b^n) = (a, b)^n$임을 증명하라. (특별히, $(a, b) = 1$일 때, $(a^n, b^n) = 1$이다.)

33. 자연수 n에 대하여 $\log_2 n$이 유리수이면 $n=2^k$(k는 음이 아닌 정수)꼴임을 증명하라.

34. 임의의 정수 a, b, c, d에 대하여 $(b-c)(c-a)(d-a)(c-b)(d-b)(d-c)$가 12의 배수임을 증명하라.

35. n^3을 n개의 연속한 홀수의 합으로 표현했을 때 가장 큰 홀수를 n으로 표현하라.

36. $7 \nmid ab(a+b)$, $7^7 | (a+b)^7 - a^7 - b^7$을 만족시키는 정수 a,b를 구하여라.

37. n이 두 제곱수의 합일 때, $2n$도 두 제곱수의 합임을 보여라.

38. 정수 $n>11$에 대하여 $n^2-19n+89$이 완전제곱수가 아님을 보여라.

39. 양의 정수 d에 대하여 d가 $4a^2+9b^2$과 ab의 최대공약수가 되도록 하는 서로소인 양의 정수 a, b가 존재한다고 한다. 이러한 d의 개수를 구하여라.

40. 2005 이하의 양의 정수 n 중에서 $2n^2+3n+1$과 $3n^2+2n+3$이 서로소가 되도록 하는 것들의 개수를 구하여라.

41. 모든 정수의 세제곱이 두 정수의 제곱의 차로 표현됨을 보여라.

42. 모든 자연수 n에 대하여 수학적 귀납법으로 다음을 보여라.

(1) $1+2+3+\cdots+n=\dfrac{n(n+1)}{2}$

(2) $1+3+5+\cdots+(2n-1)=n^2$

(3) $1\cdot 2+2\cdot 3+3\cdot 4+\cdots+n(n+1)=\dfrac{n(n+1)(n+2)}{3}$

(4) $1^2+3^2+5^2+\cdots+(2n-1)^2=\dfrac{n(2n-1)(2n+1)}{3}$

(5) $1^3+2^3+3^3+\cdots+n^3=\left[\dfrac{n(n+1)}{2}\right]^2$

(6) $1(1!)+2(2!)+3(3!)+\cdots+n(n!)=(n+1)!-1$

43. 수학적 귀납법을 이용하여 모든 정수 $n \geq 1$에 대하여 다음 식이 참임을 보여라.

$$a^n-1=(a-1)(a^{n-1}+a^{n-2}+\cdots+a+1)$$

44. 모든 정수 $n \geq 1$에 대하여 부등식 $2^n(n!)^2 \leq (2n)!$을 보여라.

45. 모든 정수 $n \geq 1$에 대하여 다음을 보여라.

(1) $\frac{1}{1^2}+\frac{1}{2^2}+\frac{1}{3^2}+\cdots+\frac{1}{n^2} \leq 2-\frac{1}{n}$

(2) $\frac{1}{2}+\frac{2}{2^2}+\frac{3}{2^3}+\cdots+\frac{n}{2^n}=2-\frac{n+2}{2^n}$

46. 정수 $n>1$에 대하여 부등식 $2^n<\binom{2n}{n}<2^{2n}$를 보여라.

1.2 디오판투스 방정식(Diophantine equation)

다음 문제를 생각해 보자.

문제 1-2-1

센트(cent), 다임(dime), 쿼터(quarter)로 이루어진 동전이 100개 있다. 5달러(dollar)가 될 수 있을까?

c개의 센트, d개의 다임, q개의 쿼터가 있다고 하자. 가능하다면, 다음 두 방정식을 만족한다.

$$c + d + q = 100$$

$$c + 10d + 25q = 500$$

그런데 c를 소거하면

$$9d + 24q = 400$$

그러나 좌변은 3으로 나누어지고, 우변은 3으로 나누어지지 않으므로, 100개의 동전으로 5달러를 만들 수 없다.

정수 $a_1, \cdots, a_k, c$에 대하여, 방정식

$$a_1x_1 + a_2x_2 + \cdots + a_kx_k = c$$

의 정수해 $x_1, \cdots, x_k$를 구하는 문제를 살펴보겠다. 이러한 방정식을 디오판투스 방정식(Diophantine equation)이라 한다.

특별히 가장 간단한 경우로, 상수 a, b, c 에 대하여 선형 디오판투스 방정식

$$ax + by = c$$

의 정수해 x, y를 구하는 문제를 살펴보자.

정리 1.

정수 a, b, c에 대하여 a와 b는 둘 다 0은 아니고, $d = \gcd(a, b)$
방정식 $ax + by = c$가 정수해 x, y를 가질 필요충분조건은 $d|c$이다. 만약 정수해 x_0, y_0를 가지면 무한히 많은 정수해를 다음과 같이 가진다.

$$x = x_0 + \frac{b}{d}n, \quad y = y_0 - \frac{a}{d}n \quad (n \in \mathbb{Z})$$

증명 1.1절의 정리 4에 의하여, 정수해가 존재할 필요충분조건은

$$d|c$$

특수해 x_0, y_0에 대하여

$$ax_0 + by_0 = c$$

임의의 정수 n에 대하여

$$x = x_0 + \frac{b}{d}n, \quad y = y_0 - \frac{a}{d}n$$

로 놓으면

$$ax + by = a\left(x_0 + \frac{b}{d}n\right) + b\left(y_0 - \frac{a}{d}n\right) = ax_0 + by_0 = c$$

따라서 무한히 많은 정수해 x, y를 얻는다.
이제 정수해는 이러한 형태만 있다는 것을 보이자. 일반해 x, y특수해 x_0, y_0에 대하여,

$$ax + by = c = ax_0 + by_0$$

즉,

$$a(x - x_0) = -b(y - y_0)$$

양변을 d로 나누면

$$\frac{a}{d}(x - x_0) = -\frac{b}{d}(y - y_0) \quad \cdots(1)$$

a와 b가 둘 다 0은 아니므로 $b \neq 0$라고 가정하자. (만약 $b=0$이면 a와 b의 역할을 바꾸면 된다.)

1.1절의 예제 5의 (2)에 의하여, $\gcd\left(\frac{a}{d}, \frac{b}{d}\right)=1$이면서 $\frac{b}{d}$가 좌변을 나누므로,

$$\frac{b}{d} \mid (x-x_0)$$

즉,

$$x-x_0 = \frac{b}{d}n \ (n \in \mathbb{Z})$$

식 (1)에 $x = x_0 + \frac{b}{d}n$을 대입하면

$$-\frac{b}{d}(y-y_0) = \frac{a}{d}(x-x_0) = \frac{a}{d} \cdot \frac{b}{d}n$$

이고, 양변을 $\frac{b}{d}$로 나누고 정리하면

$$y = y_0 - \frac{a}{d}n$$

■

선형 디오판투스 방정식 $ax+by=c$의 해를 구하는 과정은 다음과 같다.

(1) $d=\gcd(a, b)$를 유클리드 알고리즘을 사용하거나 직접 계산한다.

(2) $d \nmid c$이면, 해가 존재하지 않는다.

(3) $d|c$ 즉 $c=de$이면, 유클리드 알고리즘의 역순으로 $au+bv=d$인 정수 u, v를 구하 고, $x_0=ue$, $y_0=ve$는 주어진 방정식의 특수해이다.

(4) 정리 1의 공식으로 일반해 x, y를 구한다.

위의 결과를 이용하는 다음 문제를 살펴보자.

예제 1-2-1

방정식 $423x+198y=24$의 정수해를 모두 구하여라.

풀이 $(423,198)=9$이고 $9 \nmid 24$이므로 주어진 방정식의 정수해는 없다.

예제 1-2-2

방정식 $11x+7y=200$의 양의 정수해를 모두 구하여라.

풀이 $(11,7)=1$이므로 주어진 방정식의 정수해가 존재한다.

$11 \cdot 2 - 7 \cdot 3 = 1$이므로

$11 \cdot 400 - 7 \cdot 600 = 200$ 따라서 주어진 방정식의 일반해는

$x=400+7n, y=-600-11n$ (n은 정수)

그런데 $x>0$, $y>0$이므로 $-\dfrac{400}{7}<n<-\dfrac{600}{11}$을 만족시키는 정수는

$n=-55, -56, -57$

따라서 구하는 답은 $(x, y)=(15, 5), (8, 16), (1, 27)$

예제 1-2-3

d, e가 양의 정수일 때, 두 등차수열 $a, a+d, a+2d, \cdots$와 $b, b+e, b+2e, \cdots$가 공통인 수를 가질 필요충분조건을 구하라.

풀이 만약 두 등차수열이 공통인 수를 가지면

$a+rd=b+se$ 즉 $rd-se=b-a$

인 음이 아닌 정수 r, s가 존재한다. 따라서 (d, e)가 $b-a$를 나눌 때에만 두 등차수열은 공통인 수를 갖는다.

예제 1-2-4

방정식 $21x+14y+12z=1$의 정수해를 구하여라.

풀이 $21x+14y=7u$로 놓으면 주어진 방정식은 $7u+12z=1$

$7(-5)+12(3)=1$이므로 $(u, z)=(-5, 3)$이 특수해이고 일반해는 다음과 같다.

$u=-5+12k, \quad z=3-7k$ (여기서 k는 정수)

$21x+14y=7u$에서 $3x+2y=u$ 그런데 $3(u)+2(-u)=u$이므로

$(x, y)=(u, -u)$이 특수해이고 일반해는 다음과 같다.

$x=u+2m, \quad y=-u-3m$ (여기서 m은 정수)

따라서 구하는 정수해는 임의의 정수 k, m에 대하여

$$\begin{cases} x=-5+12k+2m \\ y=5-12k-3m \\ z=3-7k \end{cases}$$

예제 1-2-5

배와 사과를 합해서 12개를 13200원에 샀다. 배가 사과보다 300원 더 비싸고 사과보다 배를 더 많이 샀을 때, 배와 사과의 개수를 구하라.

풀이 x, y가 각각 배, 사과의 개수이고, 사과의 가격은 z백원이다. 그러면

$(z+3)x+zy=132$ 즉, $3x+(x+y)z=132$.

그런데 $x+y=12$이므로

$3x+12z=132$ 즉, $x+4z=44$.

이를 풀면

$x=-132+4n, \; z=44-n, \quad (n\in\mathbb{Z})$.

$12\geq x>6$이므로 $n=35, 36$.

즉, $n=35$일 때, 1200원 짜리 배 8개와 900원 짜리 사과 4개다.

$n=36$일 때, 1100원 짜리 배 12개와 사과는 없다.

예제 1-2-6

$18x+19y=2005$를 만족시키는 양의 정수쌍 (x, y)의 개수를 구하여라.

풀이 $18(x+y)+y=2005$에서 $x+y=k$로 두자.

이때 k는 $k \geq 2$인 양의 정수이다.

$y=2005-18k$이고 y가 양의 정수이므로 $2005-18k \geq 1 \therefore k \leq 111$

$x=k-y=19k-2005 \geq 1$에서 $\therefore k \geq 106$

따라서 $k=106, 107, 108, 109, 110, 111$이므로 구하는 답은 6

예제 1-2-7

다음 식을 만족시키는 양의 정수해의 개수를 구하여라.

$$50x+51y+52z=2010$$

풀이 $50(x+y+z) \leq 50x+51y+52z \leq 52(x+y+z)$이고

$52 \cdot 38=1976<2010<2051=50 \cdot 41$

이므로 $39 \leq x+y+z \leq 40$

(i) $x+y+z=39$일 때 $50x+51y+52z=50(x+y+z)+y+2z=2010$이므로 $y+2z=60$이다.

$z=22, 23, \ldots, 29$일 때 각각 1개의 해가 존재하므로 양의 정수해의 개수는 8개

(ii) $x+y+z=40$일 때 $50x+51y+52z=50(x+y+z)+y+2z=2010$이므로 $y+2z=10$이다.

$z=1, 2, 3, 4$일 때 각각 1개의 해가 존재하므로 양의 정수해의 개수는 4개 따라서 구하는 답은 12

연습문제(1.2)

1. 다음 디오판투스 방정식의 정수해를 모두 구하라.
   (1) $2x+6y=18$
   (2) $38x+42y=-2$
   (3) $172x+20y=1000$

2. 다음 디오판투스 방정식의 양의 정수해를 모두 구하라.
   (1) $2x+6y=18$
   (2) $7x+10y=280$
   (3) $172x+20y=1000$

3. 방정식 $8m+13n=1, (1 \leq m \leq 100)$의 정수의 순서쌍 (m, n)의 개수를 구하라.

4. 다음 연립 디오판투스 방정식의 양의 정수해를 모두 구하라.
   $x+y+z=31$, $x+2y+3z=41$

5. 디오판투스 방정식 $15x+12y+30z=24$의 정수해를 구하라.

보충문제(1.2)

1. 방정식 $1111x + 704y = 15000 + b$ 이 정수해를 갖기 위한 최소의 양의 정수 b를 구하라.

2. 연립방정식 $2x + 3y + 5z = 201$, $3x + 5y + 7z = 315$에서 양의 정수해의 개수를 구하라.

3. 방정식 $(6x + 15y)(8x + 7y) = 129$의 해를 구하라.

4. 다음 디오판투스 방정식의 일반해를 구하라.
   (1) $10x - 8y = 42$
   (2) $121x - 88y = 572$

5. 월드컵 축구 중계방송을 시작하기 전에 상품광고를 하려고 한다. 광고시간은 10초인 것과 15초인 것이 있고, 광고 내용이 바뀔 때마다 1초 동안의 간격을 둔다. 최초의 광고를 시작할 때부터 마지막 광고가 끝날 때까지 정확하게 2분 30초가 걸렸을 때, 방송된 상품광고의 개수를 구하라.

6. 다음을 만족하는 정수 x, y를 모두 구하라.

$$93x - 81y = 3$$

7. 다음을 만족하는 최소의 자연수를 구하라.
"77로 나누면 나머지가 -50이고, 78로 나누면 나머지가 0이다."

8. $(a,b)=1$, $a>0$, $b>0$일 때, $ax+by\ (x\ge 0,\ y\ge 0)$의 꼴로 표현되지 않는 최대 정수가 $ab-a-b$임을 증명하라.

9. $(a,b)=1$, $a>0$, $b>0$일 때, 방정식 $ax+by=n$의 음이 아닌 정수해의 개수가 $\left[\frac{n}{ab}\right]$ 혹은 $\left[\frac{n}{ab}\right]+1$임을 증명하라.

10. a, b, c가 $(a,\ b)=(b,\ c)=(c,\ a)=1$을 만족하는 양의 정수일 때,

$$bcx+cay+abz,\ \ x\ge 0,\ \ y\ge 0,\ \ z\ge 0$$

의 꼴로 표현되지 않는 최대 정수를 구하라.

CHAPTER 02

소수(Primes)

2.1 소 수

1보다 큰 정수 p의 양의 약수가 1과 p뿐일 때, p를 소수(prime number)라 한다.

정의에 의해 1은 소수가 아니다. 가장 작은 소수는 2이고 그 밖의 소수는 모두 홀수이다.

1과 1000사이에 있는 모든 소수에 대한 표(table)가 이 책 끝 부분에 주어진다.

1보다 큰 정수 n이 소수가 아닐 때, n을 합성수(composite number)라 한다. 즉, $n = ab,\ 1 < a < n,\ 1 < b < n,\ (a,\ b \in \mathbb{Z})$

보조정리 1.

소수 p, 정수 a, b에 대하여, 다음이 성립한다.

(1) $p|a$이거나 $(a, p) = 1$이다.

(2) $p|ab \Rightarrow p|a$ 또는 $p|b$

증명 **(1) 소수의 정의에 의해, (a,p)는 p의 양의 약수다. 즉, $(a, p) = 1$이거나 $(a, p) = p$이다. $(a, p) = p$일 때, $(a, p)|a$이므로 $p|a$이다.**

(2) 결론을 부정하여, $p \nmid a$라고 가정하자. (1)에 의하여, $(a,p)=1$이다. 1.1절의 따름정리 6에 의하여, 적당한 정수 u, v에 대해서

$$1 = au + pv$$

양변에 b를 곱하면

$$b = abu + pbv$$

p가 ab를 나누므로, p는 b를 나눈다. 마찬가지로 $p \nmid b$라고 가정하면 $p|a$를 얻는다. ■

보조정리 2.

보조정리 1에서, p가 소수라는 사실이 빠지면 (1)과 (2)가 모두 성립하지 않는다.
예를 들어, $p=4$, $a=6$, $b=10$
보조정리 1의 (2)는 다음과 같이 확장될 수 있다.

따름정리 1.

소수 p, 정수 $a_1, \cdots, a_k$에 대하여, $p|a_1 \cdots a_k$이면 $p|a_i$인 i $(i=1, 2, \cdots, k)$가 적어도 하나 존재한다.

증명 k에 관한 수학적 귀납법으로 증명한다. $k=1$일 때 자명하게 성립한다.
$k>1$에 대하여, $k-1$일 때 따름정리가 성립한다고 가정하자. $a=a_1 \cdots a_{k-1}$, $b=a_k$라 놓자. 그러면$a_1 \cdots a_k = ab$이고 $p|ab$이다.
보조정리 1 (2)에 의하여, $p|a$이거나 $p|b$
$p|a$ 즉 $p|a_1 \cdots a_{k-1}$에서 귀납법 가정에 의해서 $p|a_i$ $(i=1, 2, \cdots, k-1)$인 i가 존재하고, $p|b$는 $p|a_k$다. 따라서, $p|a_i$인 i $(i=1, 2, \cdots, k)$가 적어도 하나 존재한다. ■

따름정리 1의 특별한 경우($a_1 = \cdots = a_k = a$)로서, 소수 p, 정수 a에 대하여 $p|a^k$이면 $p|a$이다.

다음 결과는 소수가 왜 중요한지를 설명하는 정수론에서 가장 기본적인 정리이다.

정리 1. [정수론의 기본정리(Fundamental Theorem of Arithmetic)]

1보다 큰 정수 n의 서로 다른 소인수 전체가 $p_1, \cdots, p_k$일 때, n은 단 한가지 방법으로 다음과 같이 소인수분해된다.

$$n = p_1^{e_1} \cdots p_k^{e_k}$$

[여기서 $p_1, \cdots, p_k$는 서로 다른 소수, $e_1, \cdots, e_k$는 양의 정수]

여기서, 소인수 $p_1, \cdots, p_k$의 순서를 무시할 때 소인수분해는 유일하다. 위와 같은 소인수분해를 표준분해(standard decomposition)라고 한다.

증명 먼저 존재성을 증명하기 위해, n에 관한 수학적 귀납법을 사용하자.

$n = 2$일 때, $n = 2^1$으로 표준분해를 갖는다.

$n > 2$일 때, 1과 n사이에 있는, $2, 3, \cdots, n-1$에 대하여 각각 표준분해를 갖는다고 가정하자. 만약 n이 소수이면, $n = n^1$은 n의 표준분해이다. 만약 n이 합성수이면,

$$n = ab, \quad 1 < a,\ b < n$$

귀납법 가정에 의하여, a와 b가 표준분해를 가지므로 n도 표준분해를 가짐을 알 수 있다.

이제 유일성을 증명하자. n의 표준분해가 다음과 같이 두 개 있다고 하자.

$$n = p_1^{e_1} \cdots p_k^{e_k} = q_1^{f_1} \cdots q_l^{f_l} \quad \cdots(1)$$

여기서 $p_1, \cdots, p_k$와 $q_1, \cdots, q_l$은 서로 다른 소수들의 두 집합이고, $e_1, \cdots, e_k, f_1, \cdots, f_l$은 모두 양의 정수이다.

$p_1|n$이므로, 따름정리 1에 의해 어떤 j $(j = 1, \cdots, l)$에 대하여 $p_1|q_j$이다. $q_1, \cdots, q_l$을 재배열하면, $j = 1$ 즉 $p_1|q_1$으로 가정해도 좋다. q_1이 소수이므로

$p_1 = q_1$이다. 식 (1)에서 p_1, q_1을 소거하면

$$p_1^{e_1 - 1} p_2^{e_2} \cdots p_k^{e_k} = q_1^{f_1 - 1} q_2^{f_2} \cdots q_l^{f_l}$$

이러한 방법을 되풀이하면, $e_1 = f_1$을 알 수 있고, 또한 마찬가지로 $p_2 = q_2$, $e_2 = f_2$이다.

계속하면 결국에는 $p_i = q_i$, $e_i = f_i$이고 $k = l$이다. ■

정리 1을 이용하여 최대공약수, 최소공배수 등을 표현해 보자.

임의의 양의 정수 a, b는 다음과 같은 소인수분해를 갖는다.

$$a = p_1^{e_1} \cdots p_k^{e_k}, \quad b = p_1^{f_1} \cdots p_k^{f_k}$$

여기서, $e_i, f_i \geq 0$ 즉, $p_1, \cdots, p_k$는 a와 b에 있는 서로 다른 소수 전체의 집합이다. 그러면

$$ab = p_1^{e_1 + f_1} \cdots p_k^{e_k + f_k}$$

$$a^m = p_1^{me_1} \cdots p_k^{me_k}$$

$$\gcd(a, b) = p_1^{m_1} \cdots p_k^{m_k}$$

$$\mathrm{lcm}(a, b) = p_1^{M_1} \cdots p_k^{M_k}$$

여기서, $m_i = \mathrm{min} e_i, f_i$, $M_i = \mathrm{max} e_i, f_i$

p가 소수일 때, n을 나누는 p의 최대 지수가 e일 때, 기호로

$$p^e \| n$$

로 나타내자. 즉, $p^e | n$이지만 $p^{e+1} \nmid n$이다.

예를 들어, $p^e \| a$, $p^f \| b$이면 $p^{e+f} \| ab$이고 $p^{me} \| a^m$이다.

보조정리 3.

$a_1, \cdots, a_k$가 쌍마다 서로소인 양의 정수이고, $a_1 \cdots a_k$가 m제곱수(m-th power)일 때 ($m \leq 2$), 각각의 a_i는 m제곱수이다.

증명 양의 정수 n이 m제곱수이기 위한 필요충분조건은 n의 표준분해 $n = p_1^{e_1} \cdots p_k^{e_k}$에서 각각의 지수 e_i가 m으로 나누어지는 것이다. $a_1, \cdots, a_k$가 쌍마다 서로소이므로, 소수 p에 대하여 $p^e \| a_i$이면 $p^e \| a = a_1 \cdots a_k$이다.

$a = a_1 \cdots a_k$가 m제곱수이므로 e가 m으로 나누어지고 따라서 a_i가 m제곱수이다. ■

물론, 보조정리 2에서 쌍마다 서로소인 조건이 빠지면 성립하지 않는다. 예를 들어, 24와 54는 2제곱수(즉, 완전제곱수)가 아니지만,

$$24 \times 54 = 1296 = 36^2$$

는 2제곱수이다.

피타고라스는 기원전 5세기경 $\sqrt{2}$가 무리수임을 증명했다. 다음 결과는 이것의 확장이다.

따름정리 2.

m이 완전제곱수가 아닌 양의 정수이면, $\sqrt{m}$은 무리수이다.

증명 대우(contrapositive)로 증명하자. 즉, $\sqrt{m}$이 유리수면 m이 완전제곱수임을 보이자.

양의 정수 a, b에 대하여 $\sqrt{m} = \dfrac{a}{b}$이면

$$m = \frac{a^2}{b^2}$$

그런데 a, b의 표준분해가 $a = p_1^{e_1} \cdots p_k^{e_k}$, $b = p_1^{f_1} \cdots p_k^{f_k}$일 때,

$$m = p_1^{2e_1 - 2f_1} \cdots p_k^{2e_k - 2f_k}$$

은 m의 표준분해이다. m이 양의 정수이므로 m의 표준분해에서 각각의 소수 p_i가 짝수번 나타나고, $e_i - f_i \geq 0$, $(i = 1, \cdots, k)$이다. 따라서

$$m = \left(p_1^{e_1 - f_1} \cdots p_k^{e_k - f_k}\right)^2$$

은 완전제곱수이다. ■

다음 정리는 유클리드(Euclid)가 증명한 "소수가 무한히 많다"는 것이다.

정리 2.

소수는 무한히 많다.

증명 모순법(혹은 귀류법)으로 증명한다. 유한개의 소수 $p_1, \cdots, p_k$만 존재한다고 가정하자. 그리고

$$m = p_1 p_2 \cdots p_k + 1$$

로 놓자.

m이 1보다 큰 정수이기 때문에 정리 1에 의하여 m은 어떤 소수 p로 나누어진다. 가정에 의하여, p는 $p_1, \cdots, p_k$ 중에 어느 하나다. 따라서

$$p \mid (m - p_1 p_2 \cdots p_k) = 1$$

p는 소수이므로 $p \mid 1$은 불가능하다. 따라서 처음의 가정이 잘못되었고, 소수는 무한히 많다. ■

n번째 소수를 p_n으로 표시하자. 그러면

$$p_1 = 2,\ p_2 = 3,\ p_3 = 5,\ \cdots$$

따름정리 3.

n번째 소수 p_n은 $n \geq 1$에 대하여 다음 부등식을 만족한다.

$$p_n \leq 2^{2^{n-1}}$$

증명 n에 관한 수학적 귀납법으로 증명하자.

$p_1 = 2 = 2^{2^0}$이므로 $n = 1$일 때 성립한다. $n = 1, 2, \cdots, k$일 때 성립한다고 가정하자. 정리 2의 증명에서와 같이, $p_1 p_2 \cdots p_k + 1$은 $p_1, p_2, \cdots, p_k$중 어느 것으로도 나누어지지 않는다.

새로운 소수 p가 $p \geq p_{k+1}$이므로

$$\begin{aligned} p_{k+1} &\leq p \leq p_1 p_2 \cdots p_k + 1 \leq 2^{2^0} 2^{2^1} \cdots 2^{2^{k-1}} + 1 \\ &= 2^{1+2+\cdots+2^{k-1}} + 1 = 2^{2^k - 1} + 1 \leq 2^{2^k} \end{aligned}$$ ■

임의의 양의 실수 x에 대하여, x보다 작거나 같은 소수의 개수를 $\pi(x)$로 표시하자. 예를 들어,

$$\pi(1) = 0, \ \pi(2) = \pi(2.5) = 1, \ \pi(10) = 4, \ \pi(100) = 25.$$

정리 2를 $\pi(x)$로 표현하면

$$\lim_{x \to \infty} \pi(x) = \infty$$

따름정리 4.

임의의 양의 실수 x에 대하여,

$$\pi(x) \geq [\log_2(\log_2 x)] + 1$$

증명 $[\log_2(\log_2 x)] + 1$은 $2^{2^{n-1}} \leq x$인 가장 큰 정수 n이다. 그런데 따름정리 3에 의하여 적어도 n개의 소수 $p_1, p_2, \cdots, p_n$은 $2^{2^{n-1}}$보다 작거나 같다. 그러므로

$$\pi(x) \geq n = [\log_2(\log_2 x)] + 1$$ ■

이제 다음 두 가지 형태의 소수정리(Prime Number Theorem)를 살펴 보자. 먼저

$$\lim_{x\to\infty}\frac{\pi(x)}{x/\log x}=1 \text{ 즉, } \lim_{x\to\infty}\frac{\pi(x)\log x}{x}=1 \cdots(2)$$

여기서, $\log x$는 자연로그를 의미한다. 이 정리는 Hadamard와 de la Vallée Poussin이 1896년 독립적으로 증명하였다. 그들은 Riemann이 연구한 복소변수함수론에서의 방법론을 이용하였다. 현재, $x \geq 17$일 때

$$\pi(x) \geq \frac{x}{\log x}$$

임이 알려져 있다. 다음도 소수정리로 불린다.

$$\lim_{n\to\infty}\frac{p_n}{n\log n}=1 \text{ 즉, } \lim_{n\to\infty}\frac{n\log n}{p_n}=1$$

이는 앞의 소수정리로부터 증명된다.

식 (2)에서

$$\lim_{x\to\infty}[\log\pi(x)+\log(\log x)-\log x]=0$$

즉,

$$\lim_{x\to\infty}\frac{\log\pi(x)}{\log x}=1-\lim_{x\to\infty}\frac{\log(\log x)}{\log x}$$

그런데 $\lim_{x\to\infty}\frac{\log(\log x)}{\log x}=0$이므로 $\lim_{x\to\infty}\frac{\log\pi(x)}{\log x}=1$ 따라서

$$1=\lim_{x\to\infty}\frac{\log\pi(x)}{\log x}=\lim_{x\to\infty}\frac{\pi(x)\log\pi(x)}{x}\cdot\frac{\log x}{\log\pi(x)}=\lim_{x\to\infty}\frac{\pi(x)\log\pi(x)}{x}$$

$x=p_n$으로 놓으면, $\pi(p_n)=n$이고

$$\lim_{n\to\infty}\frac{n\log n}{p_n}=1$$

정리 3.

$4n+3$의 꼴인 소수가 무한히 많음을 증명하라.

증명 $4n+3$의 꼴인 소수가 유한 개만 있다고 가정하자.
$p_1, p_2, \dots, p_k$가 $4n+3$의 꼴인 소수 전체라고 하고

$$m = 4p_1p_2\cdots\ p_k - 1 = 4(p_1p_2\cdots\ p_k - 1) + 3$$

로 놓자. m이 홀수이므로 m의 소인수 p도 홀수이어서 $4n+1$이나 $4n+3$의 꼴이다. 만약 모든 소인수 p가 $4n+1$의 꼴이면 m도 $4n+1$의 꼴이므로 모순이다. 따라서 m은 $4n+3$의 꼴인 소인수 p를 적어도 하나 가진다.
가정에 의해 어떤 i에 대하여 $p = p_i$ 그런데

$$p \mid (4p_1p_2\cdots\ p_k - m) = 1$$

이므로 모순이다. 그러므로 $4n+3$의 꼴인 소수가 무한히 많다. ■

사실 $4n+1$의 꼴인 소수도 무한히 많지만 이 증명은 뒤로 미룬다. 일반적인 결과는 다음 정리로서 Dirichlet가 1837년 증명하였다. 여기서 증명은 생략한다.

정리 4.

$(a, b) = 1$이면 $an+b$의 꼴인 소수는 무한히 많다. ■

위의 결과들은 어떤 소수들의 무한집합의 존재성을 보장하지만, 실제로 구체적인 소수들의 무한집합을 구하는 것은 어려운 문제다.

두 수의 차가 1이면서 둘 다 소수인 경우는 2, 3뿐이다. 왜냐하면 2 이외에 짝수인 소수는 없기 때문이다. 두 수의 차가 2이면서 둘 다 소수인 경우를 쌍둥이 소수(twin primes)라고 한다. 예를 들어,

3, 5 : 5, 7: 11, 13 : 17, 19 : 29, 31: 41, 43 : 59, 61 : 71, 73 ...

아직까지 쌍둥이 소수가 무한히 많은지는 밝혀지지 않았다.

정수론에서 아직 증명되지 않은 오래된 문제로 다음 가설(Goldbach's conjecture)이 있다. 즉, "4이상의 짝수는 모두 두 소수의 합으로 나타낼 수 있다."

정리 5.

1보다 큰 정수 n이 합성수일 필요충분조건은 $\sqrt{n}$ 보다 작거나 같은 소인수가 존재하는 것이다.

증명 n이 그러한 소인수 p를 갖는다면,

$$1 < p \leq \sqrt{n} < n$$

이므로 n은 합성수이다.

n이 합성수라면,

$$n = ab,\ 1 < a < n,\ 1 < b < n$$

a와 b 중에서 적어도 하나는 $\sqrt{n}$ 보다 작거나 같다. (만약 그렇지 않으면 $ab > n$이다.)

예를 들어, $a \leq \sqrt{n}$ 이면 a는 소인수 $p\,(p \leq \sqrt{n}\,)$를 갖는다. 따라서 n은 소인수 $p\,(p \leq \sqrt{n}\,)$를 갖는다. ■

정리 5의 대우는 다음과 같은 소수판별법을 제공한다.

"$\sqrt{n}$ 보다 작거나 같은 모든 소수 p에 대하여 $p \nmid n$이면 n은 소수이다."

예제 2-1-1

2093을 소인수분해하라.

풀이 $\sqrt{2093} \le 45$이므로 2093이 소수가 아니면 45이하의 소인수가 존재한다.
$2093 = 7 \cdot 299$

이제 $\sqrt{299} \le 17$이므로 299가 소수가 아니면 17이하의 소인수가 존재한다.
$299 = 13 \cdot 23$

따라서, $2093 = 7 \cdot 17 \cdot 23$

실수 x에 대하여, x보다 크지 않은 정수 중에서 가장 큰 정수를 x의 정수부분(integral part)이라 하고, 기호로 $[x]$로 나타낸다. 또한 $x-[x]$를 x의 소수부분(decimal part)이라 하고, 기호로 x로 나타낸다. 즉 $x=[x]+\mathrm{x}$.여기서 $[x]$는 정수이고 $0 \le \mathrm{x} < 1$. 보통 $[x]$를 $\lfloor x \rfloor$로도 나타내고 이것을 x의 바닥(floor)이라 하고, 또 실수 x보다 작지 않은 정수 중에서 가장 작은 정수를 $\lceil x \rceil$로 나타내고 이것을 x의 천장(ceiling)이라 한다.

$$x-1 < \lfloor x \rfloor \quad \lceil x \rceil \le \lceil x \rceil < x+1$$
$$\lfloor x \rfloor = -\lceil x \rceil, \lceil x \rceil = -\lfloor x \rfloor$$
$$\lfloor x \rfloor = n \quad \Leftrightarrow \quad n \le x < n+1 \quad \Leftrightarrow \quad x-1 < n \le x$$
$$\lceil x \rceil = n \quad \Leftrightarrow \quad n-1 < x \le n \quad \Leftrightarrow \quad x \le n < x+1$$

다음은 바닥에 대한 일반적인 성질이다.

① 임의의 실수 x에 대하여

$$[x] \le x < [x]+1,\ x-1 < [x] \le x,\ 0 \le x-[x] < 1$$

② $x \ge 0$일 때 $[x] = \sum_{1 \le i \le x} 1$

③ m이 정수일 때, $[x+m] = [x]+m$

『$\because$ $[x] \le x < [x]+1$에서 $[x]+m \le x+m < [x]+m+1$』

④ $[x]+[y] \le [x+y] \le [x]+[y]+1$

⑤ $[x]+[-x]=\begin{cases} 0 & (x \in \mathbb{Z}) \\ -1 & (x \notin \mathbb{Z}) \end{cases}$

⑥ m이 정수일 때, $\left[\frac{[x]}{m}\right]=\left[\frac{x}{m}\right]$

『 $\because$ $[x]=n,\ x-[x]=\alpha(0 \leqq \alpha < 1),\ n=mq+r(0 \leq r < m)$에서

$$\left[\frac{[x]}{m}\right]=\left[\frac{n}{m}\right]=\left[q+\frac{r}{m}\right]=q+\left[\frac{r}{m}\right]=q$$

$$\left[\frac{x}{m}\right]=\left[\frac{n+\alpha}{m}\right]=\left[q+\frac{r+\alpha}{m}\right]=q+\left[\frac{r+\alpha}{m}\right]=q(\because 0 \leq r+\alpha < m)$$ 』

⑦ 자연수 m,n에 대하여, $\left[\frac{m}{n}\right]$은 1부터 m까지의 자연수 중에서 n의 배수인 것들의 개수이다.

⑧ 나눗셈정리 (임의의 $a,b \in \mathbb{Z}$, $a>0$에 대해 $b=aq+r$, $0 \leq r < a$을 만족하는 정수 q,r이 유일하게 존재한다.)에서 $q=\left[\frac{a}{b}\right]$

⑨ $x<n \quad \Leftrightarrow \quad \lfloor x \rfloor < n;\ n \leq x \quad \Leftrightarrow \quad n \leq \lfloor x \rfloor$

『 $\because$ $(\Rightarrow)\quad \lfloor x \rfloor \leq x < n \quad (\Leftarrow)\ x < \lfloor x \rfloor + 1 \leq n \quad ;n \leq \lfloor x \rfloor \leqq x$ 』

마찬가지로 천장에 대해서도 다음이 성립한다.

$$n<x \quad \Leftrightarrow \quad n < \lceil x \rceil \ ;\ x \leq n \quad \Leftrightarrow \quad \lceil x \rceil \leq n$$

⑩ 음이 아닌 실수 x에 대하여 $\lfloor R\sqrt{\lfloor x \rfloor} \rfloor = \lfloor \sqrt{x} \rfloor$

『 $\because$ $\lfloor \sqrt{\lfloor x \rfloor} \rfloor = m$라 놓으면 $m \leq \sqrt{\lfloor x \rfloor} < m+1$

즉 $m^2 \leq \lfloor x \rfloor < (m+1)^2$

⑨에 의해 $m^2 \leq x < (m+1)^2$즉 $m \leq \sqrt{x} < m+1$ 』

예제 2-1-2

양의 정수 $n\ (n \geq 2)$과 소수 p에 대하여 $p^e \parallel n!$일 때, 즉 $n!$을 나누는 p의 최대 지수를 $E(p,n)$이라 할 때, 다음을 증명하라.

$$E(p,n)=\sum_{k=1}^{\infty}\left[\frac{n}{p^k}\right]$$

증명 정수 1, 2, ..., n 중에서 p의 배수인 정수는 $p, 2p, \ldots, \left[\frac{n}{p}\right]p$이므로

$$p \cdot 2p \cdot \cdots \cdot \left[\frac{n}{p}\right]p = p^{[n/p]}[n/p]!$$

은 $n!$을 나눈다. 따라서

$$E(p, n) = \left[\frac{n}{p}\right] + E\left(p, \left[\frac{n}{p}\right]\right)$$

이 식의 양변의 n대신에 $\left[\frac{n}{p}\right]$를 대입하고 위의 ⑥을 이용하면

$$E\left(p, \left[\frac{n}{p}\right]\right) = \left[\frac{n}{p^2}\right] + E\left(p, \left[\frac{n}{p^2}\right]\right)$$

이와 같은 과정을 반복하면 등식을 얻는다.

예제 2-1-3

1000!을 십진법으로 표현했을 때, 일의 자리부터 연속된 0의 개수를 구하여라.

풀이 1000!에서 소인수 5보다 소인수 2가 많이 나타나므로 1000!을 나누는 5의 최대 지수를 구하면 답이 된다. 즉

$$E(5, 1000) = \sum_{k=1}^{\infty}\left[\frac{1000}{5^k}\right] = 200 + 40 + 8 + 1 = 249$$

예제 2-1-4

모든 자연수 n에 대하여, $2^n \nmid n!$을 보여라.

풀이 $n!$을 나누는 2의 최대 지수는

$$\left[\frac{n}{2}\right] + \left[\frac{n}{2^2}\right] + \left[\frac{n}{2^3}\right] + \cdots \text{ (여기서, 급수는 유한급수)}$$

그런데

$$\left[\frac{n}{2}\right]+\left[\frac{n}{2^2}\right]+\left[\frac{n}{2^3}\right]+\cdots < \frac{n}{2}+\frac{n}{2^2}+\frac{n}{2^3}+\cdots = n$$

이므로 $2^n \nmid n!$

사실 이항계수 $\binom{n}{r}$가 정수인 것은 n개 중에서 r개를 뽑는 경우의 수이므로 자명하다. 그러나 다른 방법으로 $\binom{n}{r}=\dfrac{n!}{r!(n-r)!}$이 정수임을 보일 수 있다.

예제 2-1-5

정수 n, r이 $n \geq r \geq 0$을 만족시킬 때, $\binom{n}{r}=\dfrac{n!}{r!(n-r)!}$이 정수임을 보여라.

증명 임의의 소수 p에 대하여 $r!(n-r)!$을 나누는 p의 최대 지수를 k라 하고 $n!$을 나누는 p의 최대 지수를 l이라 할 때, $k \leq l$ 임을 보이면 된다. 그런데

$$k = \sum_{i=1}^{\infty}\left[\frac{r}{p^i}\right]+\sum_{i=1}^{\infty}\left[\frac{n-r}{p^i}\right] \leq \sum_{i=1}^{\infty}\left[\frac{r+(n-r)}{p^i}\right] = l$$

예제 2-1-6

소수 $p, (1 \leq k \leq p-1)$에 대하여, 이항계수 $\binom{p}{k}$는 p의 배수임을 증명하라.

풀이 $\binom{p}{k}=\dfrac{p!}{k!(p-k)!}$는 정수이다. $1 \leq k \leq p-1$일 때, $1 \leq p-k \leq p-1$이므로

$p \nmid k!,\ p \nmid (p-k)!,\ p \mid p!$

따라서 $\binom{p}{k}$는 p의 배수이다.

예제 2-1-7

정수 $n > 1$에 대하여 $n^4 + 4^n$이 소수가 아님을 보여라.

풀이 n이 짝수일 때, $n^4 + 4^n$이 짝수이고 2보다 크므로 소수가 아니다.

n이 홀수, 즉 $n = 2k + 1$일 때,

$$\begin{aligned} n^4 + 4^n &= n^4 + 4 \cdot 4^{2k} = n^4 + 4 \cdot (2^k)^4 \\ &= (n^2 + 2^n + n \cdot 2^{k+1})(n^2 + 2^n - n \cdot 2^{k+1}) \end{aligned}$$

이므로 소수가 아니다.

예제 2-1-8

$p^4 - 5p^2 + 9$가 소수가 되는 소수 p의 개수는 얼마인가?

풀이 $p^4 - 5p^2 + 9 = (p^2 - 1)(p^2 - 4) + 5 = (p-2)(p-1)(p+1)(p+2) + 5$이므로 $p \neq 5$인 경우에 5의 배수가 된다. 따라서 이 경우 가능한 소수는 $p = 2$뿐이다. 또한 $p = 5$인 경우, 509가 되므로 소수이다. 따라서 답은 2개

연습문제(2.1)

1. a, b가 양의 정수이고 p가 소수일 때 다음 중 참인 것은 증명하고, 거짓인 것은 반례를 들라.
   (1) $(a, p^2) = p$이면 $(a^2, p^2) = p^2$이다.
   (2) $(a, p^2) = p$, $(b, p^2) = p^2$이면 $(ab, p^4) = p^3$이다.
   (3) $(a, p^2) = p$, $(b, p^2) = p$이면 $(ab, p^4) = p^2$이다.
   (4) $(a, p^2) = p$이면 $(a+p, p^2) = p$이다.

2. 임의의 $k \geq 1$에 대하여 k개의 연속된 합성수를 구하라.

3. 임의의 소수 $p \neq 3$는 $3n+1$이나 $3n+2$의 꼴임을 보이고, $3n+2$의 꼴인 소수가 무한히 많음을 증명하라.

4. 정수 n가 $n \geq 2$이면, n은 소인수(prime factor)를 가짐을 증명하라.

5. 임의의 양의 정수 n에 대하여, n보다 큰 소수가 존재함을 증명하라.

6. $n < p \leq 2n$인 소수 p에 대하여 $p \mid \binom{2n}{n}$을 증명하고, 이를 이용하여

$$n^{\pi(2n)-\pi(n)} < 2^{2n} \text{ 즉, } \frac{\pi(2n)-\pi(n)}{n} < \frac{2}{\log_2 n}$$

   을 증명하라.

7. 정수 $n > 2$에 대하여, n과 $n!$사이에 소수가 존재함을 증명하라.

8. p_n이 n번째 소수라면, 정수 $P_n = p_1 p_2 \cdots p_n + 1$은 완전제곱수가 아님을 증명하라.

9. 어떤 소수 p에 대하여, p^2+2가 소수인가?

10. $n>3$일 때, 세 정수 $n, n+2, n+4$는 모두 소수일 수 없음을 증명하라.

11. 양의 정수 n에 대하여,

(1) n^3+1의 꼴인 정수 중에서 소수는 2뿐임을 증명하라.

(2) n^3-1의 꼴인 정수 중에서 소수는 7뿐임을 증명하라.

(3) $3p+1$이 완전제곱수인 소수 p는 5뿐임을 증명하라.

12. (1) n^4+4의 꼴인 정수는 모두 합성수임을 증명하라.$(n>1)$

(2) 11보다 큰 정수는 모두 두 합성수의 합으로 나타낼 수 있음을 증명하라.

13. 다음이 성립함을 증명하라.

(1) 등식 $x^2=2y^2$을 만족시키는 양의 정수 x, y는 존재하지 않는다.

(2) 홀수인 소수 p에 대하여, $p=x^2-y^2$인 양의 정수 x, y는 존재한다.

14. 자연수 m, k $(k \geq 2)$에 대해 m^4+4k^4이 합성수임을 증명하라.

15. $p>5$가 소수일 때, $p^2 \equiv 1, 19 \pmod{30}$을 보여라.

16. n^n+1의 형태로 10^{19}보다 작은 모든 소수를 구하여라.

17. $n>1$일 때, n^5+n^4+1이 소수가 아님을 증명하라.

18. $p^2-2q^2=1$을 만족시키는 소수 p, q를 모두 구하여라.

19. $2n+1$과 $3n+1$이 완전제곱수이면 $5n+3$은 소수가 아님을 보여라.

20. p가 3보다 큰 소수일 때, $p^2 \equiv 1 \pmod{24}$을 보여라.

21. 다음을 만족시키는 p를 구하여라.

(1) p, $p+10$, $p+14$가 소수

(2) p, $2p+1$, $4p+1$이 소수

(3) p, $8p^2+1$이 소수

보충문제(2.1)

1. Bertrand는 1845년 다음 가설을 세웠고, 1850년 Chebychev가 처음으로 다음을 증명했다.

   정수 $n \geq 2$에 대하여 $n < p < 2n$인 소수 p가 존재한다.

   이를 이용하여,

   (1) $n \geq 2$일 때, $p_n < 2^n$를 증명하라.

   (2) $n \geq 2$이고 $n! = p_1^{e_1} \cdots p_r^{e_r}$일 때($p_1, \cdots, p_r$은 서로 다른 소수), $e_i = 1$인 i가 적어도 하나 존재한다.

   (3) Bertrand 정리보다 강한 정리로서

   "정수 $n \geq 6$에 대하여 $n < p < q < 2n$인 소수 p, q가 존재한다."

   을 이용하여 $p_{k+2} \leq p_k + p_{k+1}$을 증명하라.

2. 체비세프(Chebychev)는 1850년 다음 사실을 증명하였다.

   충분히 큰 x에 대하여, 부등식

$$a(x/\log x) < \pi(x) < b(x/\log x)$$

   을 만족하는 양의 상수 a, b $(a < 1 < b)$가 존재한다.

   위의 부등식을 이용하여, $\sum_{n=1}^{\infty} \frac{1}{p_n} = \infty$를 증명하라.

3. $p \neq 5$가 홀수인 소수일 때, $p^2 - 1$이나 $p^2 + 1$ 중에서 하나가 10의 배수임을 증명하라.

4. 소수 p, q가 $p \geq q \geq 5$일 때, $24 \mid (p^2 - q^2)$을 증명하라.

5. $p > 3$일 때, 쌍둥이 소수 $p, p+2$의 합은 12의 배수임을 증명하라.

6. 쌍둥이 소수 $p,\ q=p+2$ 중에서 $pq-2$가 소수인 모든 $p,\ q$를 구하라.

7. 100!을 십진법으로 나타냈을 때 일의 자리부터 연속된 0의 개수를 구하라.

8. 10!의 표준분해를 구하라.

9. 최소공배수 $[1,\ 2,\ \cdots,\ 10]$의 표준분해를 구하라.

10. 다음을 증명하거나 반례를 들라. ($a,\ b$는 양의 정수)

(1) $a^3 | b^2 \ \Rightarrow\ a | b$

(2) $a^2 | b^3 \ \Rightarrow\ a | b$

11. 소수 p, 자연수 a,b에 대하여 $p|(a^p-b^p)$이면, $p^2|(a^p-b^p)$임을 증명하라.

12. 다음을 증명하라.

(1) $\displaystyle\sum_{n=1}^{n}\left[\frac{k}{2}\right]=\left[\frac{n^2}{4}\right]$

(2) $\displaystyle\sum_{n=1}^{n}\left[\frac{k}{3}\right]=\left[\frac{n(n-1)}{6}\right]$

13. $17p+1$이 제곱인 소수 p를 구하라.

14. 8^n+1꼴의 정수는 합성수임을 증명하라.

15. $\dfrac{a}{b}$가 기약분수이고, 다항식 $a_nx^n+a_{n-1}x^{n-1}+\cdots+a_1x+a_0,\ a_n\neq 0$의 한 근이면 $a|a_0,\ b|a_n$을 증명하라.

16. p가 소수이고 $a,\ b$가 정수일 때, $(a^p-b^p,\ p)=1$이 성립하든지 또는 $p^2|(a^p-b^p)$이 성립함을 증명하라.

17. $2^{26}+1$이 소수인지 합성수인지 판별하라.

18. 다음 두 명제가 동치임을 증명하라.

(1) $\left(\sum_{k=1}^{n} k\right) \mid n!$

(2) $n+1$은 홀수인 소수가 아니다.

19. n은 5보다 큰 정수이다. a, b, c, d가 정수이고

$$n = a+b+c+d, \quad ab = cd$$

일 때, n이 합성수임을 증명하라.

20. $\dfrac{1}{p}$를 십진법으로 표현했을 때, 순환마디의 길이가 10인 소수 p를 모두 구하라.

21. n이 양의 정수일 때, 다음을 증명하라.

$$[x] + \left[x+\frac{1}{n}\right] + \cdots + \left[x+\frac{n-1}{n}\right] = [nx]$$

22. 다음 부등식을 증명하라.

$$[2x]+[2y] \geq [x]+[x+y]+[y]$$

23. 1부터 1000까지 숫자가 적힌 카드가 있는데 무심코 숫자 n을 집을 때, $[\sqrt[3]{n}]$이 n을 나눌 확률을 구하라.

24. $a=[\sqrt{n}]$일 때, $\sum_{0 \le k < n} [\sqrt{k}]$을 n과 a로 나타내라.

25. 6보다 큰 자연수 n에 대하여 n보다 작으면서 n과 서로 소인 자연수 전체의 집합이 $\{a_1, a_2, \cdots, a_k\}$라고 할 때,

$$a_2 - a_1 = a_3 - a_2 = \cdots = a_k - a_{k-1} > 0$$

이면, n은 소수이거나 2의 거듭제곱수임을 보여라.

26. 다음 방정식을 만족시키는 2004보다 크지 않은 자연수의 쌍 (x, y)의 개수를 구하여라.
(단, $[t]$는 t를 넘지 않는 가장 큰 정수이다.)

$$\left[\frac{x^2}{y}\right] + \left[\frac{y^2}{x}\right] = \left[\frac{x^2+y^2}{xy}\right] + xy$$

27. 방정식 $x^2 - \left[\frac{x}{2}\right] - \left[\frac{x}{3}\right] - \left[\frac{x}{6}\right] = 2451$의 모든 정수해의 합을 구하여라.
(단, $[x]$는 x보다 크지 않은 최대 정수를 나타낸다.)

2.2 메르센느 소수와 페르마 소수

실제로 구체적인 소수들의 무한집합을 구하려는 과정에서, 메르센느 소수와 페르마 소수가 등장한다.

정리 1.

두 정수 a, n $(a \geq 2, n \geq 2)$ 에 대하여, $a^n - 1$이 소수이면 $a = 2$이고 n은 소수이다.

증명 $a^n - 1 = (a-1)(a^{n-1} + a^{n-2} + \cdots + a + 1)$

이고

$$a^{n-1} + a^{n-2} + \cdots + a + 1 \geq a + 1 \geq 3$$

이므로

$$a - 1 = 1 \text{즉, } a = 2$$

정수 n이 합성수이면

$$n = bc,\ 1 < b < n,\ 1 < c < n$$

인 정수 b, c가 존재한다.

$$2^n - 1 = (2^b)^c - 1 = (2^b - 1)((2^b)^{c-1} + (2^b)^{c-2} + \cdots + 2^b + 1)$$

이 합성수이므로 모순이다.

왜냐하면

$$2^b - 1 \geq 2^2 - 1 = 3,\ (2^b)^{c-1} + (2^b)^{c-2} + \cdots + 2^b + 1 \geq 2^b + 1 \geq 5.$$

따라서 n은 소수이다. ■

정수 $M_n = 2^n - 1$ $(n \geq 1)$ 을 메르센느 수(Mersenne number)라고 한다. 특히 메르센 수 $M_p = 2^p - 1$이 소수일 때 메르센느 소수(Mersenne prime)라고 한다.

참고로, $M_2 = 3$, $M_3 = 7$, $M_5 = 31$, $M_7 = 127$은 모두 메르센느 소수이지만

$$M_{11} = 2047 = 23 \cdot 89$$

는 메르센느 소수가 아니다.

양의 정수 n의 양의 약수의 개수 $\tau(n)$와 양의 약수의 합 $\sigma(n)$을 다음과 같이 표시할 수 있다.

$$\tau(n) = \sum_{d|n} 1$$

$$\sigma(n) = \sum_{d|n} d$$

다음은 $1 \leq n \leq 10$ 일 때의 $\tau(n)$, $\sigma(n)$의 값을 보여주고 있다.

n	1	2	3	4	5	6	7	8	9	10
$\tau(n)$	1	2	2	3	2	4	2	4	3	4
$\sigma(n)$	1	3	4	7	6	12	8	15	13	18

1보다 큰 양의 정수 n에 대하여 n이 소수일 때 그리고 이 때에만 n의 양의 약수는 2개뿐이므로 다음이 성립한다.

$$n\text{은 소수} \Leftrightarrow \tau(n) = 2 \Leftrightarrow \sigma(n) = n + 1$$

정수 $a\,(a > 1)$의 표준분해가 $a = p_1^{k_1} p_2^{k_2} \cdots p_n^{k_n}$일 때, a의 양의 약수는 모두

$$p_1^{l_1} p_2^{l_2} \cdots p_n^{l_n} \quad (0 \leq l_i \leq k_i)$$

와 같은 꼴로 나타내어진다. 이 사실을 이용하여 $\tau(n)$, $\sigma(n)$의 값을 구해보면 다음과 같다. 자명하므로 증명은 생략한다.

보조정리 1.

정수 $a\,(a > 1)$ 의 표준분해가 $a = p_1^{k_1} p_2^{k_2} \cdots p_n^{k_n}$일 때,

$$\tau(a) = (k_1 + 1)(k_2 + 1) \cdots (k_n + 1),$$

$$\sigma(a) = (1 + p_1 + \cdots + p_1^{k_1})(1 + p_2 + \cdots + p_2^{k_2}) \cdots (1 + p_n + \cdots + p_n^{k_n})$$

참고로, 양의 정수 n이 완전제곱수일 필요충분조건은 $\tau(n)$이 홀수인 것이다.

양의 정수 n의 양의 약수 전체의 합이 $2n$과 같을 때, 즉 $\sigma(n)=2n$ 일 때, n을 완전수(perfect number)라고 한다.

$$\sigma(6)=12=2\times6,\ \sigma(28)=56=2\times28$$

이므로 6과 28은 완전수이다.

짝수 완전수를 만드는 규칙이 유클리드(Euclid)에 의해 주어졌다. 즉 2^p-1이 소수라면 $2^{p-1}(2^p-1)$은 완전수이다. 증명은 다음 정리 2에서 주어진다. 사실 모든 짝수 완전수는 이러한 형태라는 것을 오일러(Euler)가 증명하였다. 홀수인 완전수는 아직 발견되지 않았으며, 완전수가 무한히 많은지도 알려져 있지 않다.

$$\begin{aligned}6&=2(2^2-1)\\28&=2^2(2^3-1)\\496&=2^4(2^5-1)\\8128&=2^6(2^7-1)\\33550336&=2^{12}(2^{13}-1)\end{aligned}$$

이제 메르센느 소수와 완전수의 관계를 살펴보자.

정리 2.

메르센느 소수 $M_p=2^p-1$ (p는 소수)에 대하여

$$N_p=2^{p-1}M_p\ \text{즉,}\ N_p=2^{p-1}(2^p-1)$$

이라고 하면, N_p는 완전수이다.
더욱이, 짝수인 완전수는 모두 이와 같은 꼴의 정수이다.

증명 **먼저, 보조정리를 이용하면**

$$\sigma(N_p)=(1+2+\cdots+2^{p-1})(1+M_p)=(2^p-1)2^p=2^pM_p=2N_p$$

이므로 N_p는 완전수이다.

짝수인 완전수 n을 $n=2^k m$ $(k\geq 1, m$은 홀수)으로 표현하자. 이 때, $(2^k, m)=1$이므로

$$2^{k+1}m=2n=\sigma(n)=\sigma(2^k)\sigma(m)=(2^{k+1}-1)\sigma(m)$$

이고 또 $(2^{k+1}-1, 2^{k+1})=1$이므로 $(2^{k+1}-1)|m$이다. 따라서

$$m=(2^{k+1}-1)q, \quad \sigma(m)=2^{k+1}q$$

인 양의 정수 q가 존재하고 이 때 $q|m$, $m>q$이다.

만약 $q\geq 2$라고 가정하면, $m>q\geq 2$이므로 m은 적어도 세 개의 양의 약수 $1, q, m$을 가지므로

$$\sigma(m)\geq m+q+1=(2^{k+1}-1)q+q+1>2^{k+1}q=\sigma(m)$$

이어서 모순이다. 그러므로

$$q=1, \ m=2^{k+1}-1, \ \sigma(m)=2^{k+1}=m+1$$

이고, 이는 m의 양의 약수가 1과 m뿐임을 뜻하므로 m은 소수이다.

따라서 $p=k+1$로 놓으면 $m=2^p-1$이므로 정리 1에 의해 p는 소수이고

$$m=M_p, \ n=2^k m=2^{p-1}M_p$$

■

정리 3.

정수 a $(a\geq 2)$와 두 양의 정수 m, n에 대하여 다음 등식이 성립한다.

$$(a^m-1, a^n-1)=a^{(m,n)}-1.$$

증명 $d=(m, n)$이라고 하면, a^d-1은 a^m-1, a^n-1의 공약수이다.

왜냐하면, 적당한 정수 e에 대하여 $m=de$이고

$$a^m-1=(a^d)^e-1=(a^d-1)(a^{d(e-1)}+a^{d(e-2)}+\cdots+a^d+1)$$

이다. 그런데

$$1 \geq a^d - 1 \geq a^m - 1$$

이므로 $(a^d - 1) | (a^m - 1)$이다.

또한, 1.1절의 정리 4에 의해 $d = ms + nr$인 정수 s, r가 존재한다. $d \leq m, n$이므로 s, r중에서 하나는 양수이고 하나는 음수이어야 한다. 예를 들어, $s > 0, r < 0$라고 가정하고 $t = -r$라고 하자. 이때

$$d = ms - nt, \quad (s \geq 1, \ t \geq 1)$$

이므로 다음 등식이 성립한다.

$$a^{ms} - 1 = a^{nt+d} - 1 = (a^{nt} - 1) \cdot a^d + (a^d - 1)$$

위의 등식의 좌변과 우변을 정리하면

$$(a^m - 1)(a^{m(s-1)} + \cdots + a^m + 1) = (a^n - 1)(a^{n(t-1)} + \cdots + a^n + 1) \cdot a^d + (a^d - 1)$$

이므로, $a^m - 1, \ a^n - 1$의 공약수는 $a^d - 1$의 약수이어야 한다.

한편, $d \geq 1, a \geq 2$이므로 $a^d - 1 \geq 1$이다. 따라서

$$(a^m - 1, a^n - 1) = a^{(m,n)} - 1$$

■

정리 4.

양의 정수 a, n $(a \geq 2, n \geq 1)$에 대하여 $a^n + 1$이 소수이면 a는 짝수이고 $n = 2^k$ $(k \geq 0)$이다.

증명 만약 a가 홀수라면 $a^n + 1$이 짝수이고, 2보다 크기 때문에 $a^n + 1$은 합성수이다. 따라서 a는 짝수이다.

양의 정수 n을 $n = 2^k \cdot m$ $(k \geq 0, m$은 양의 홀수)로 나타내면, m이 홀수이므로 다음이 성립한다.

$$a^n + 1 = (a^{2^k})^m + 1 = (a^{2^k} + 1)(a^{2^k(m-1)} - a^{2^k(m-2)} + \cdots - a^{2^k} + 1)$$

그런데,

$$3 \le a^{2^0}+1 \le a^{2^k}+1 \le a^n+1$$

이므로, a^n+1이 소수이면 $m=1$, 즉 $n=2^k$이다. ■

다음과 같은 꼴의 소수를 페르마 수(Fermat number)라고 한다.

$$F_n = 2^{2^n}+1 \ (n \ge 0)$$

특히 F_n이 소수일 때 이 소수를 페르마 소수(Fermat prime)라고 한다.

참고로, $F_0=3$, $F_1=5$, $F_2=17$, $F_3=257$, $F_4=65537$은 모두 페르마 소수이지만

$$F_5 = 641 \cdot 6700417$$

은 페르마 소수가 아니다.

알려진 페르마 소수로

$$F_0 = 2^1+1=3$$
$$F_1 = 2^2+1=5$$
$$F_2 = 2^4+1=17$$
$$F_3 = 2^8+1=257$$
$$F_4 = 2^{16}+1=65537$$

이 있으며, 그 다음 페르마 수 F_5는 다음과 같이 소인수분해된다.

$$F_5 = 2^{32}+1 = 4294967297 = 641 \cdot 6700417$$

페르마 소수는 원에 내접하는 정다각형의 작도 문제와 직접적인 관계가 있다. 실제로 n이 소수일 때 눈금없는 자와 콤파스만을 이용하여 주어진 원에 내접하는 정n각형이 작도 가능한 것은 n이 페르마 소수일 때 뿐임이 밝혀져 있다.

다음은 페르마 수 F_n에 관한 성질들이다.

정리 5.

(1) $F_n - 1 = (F_{n-1} - 1)^2 \quad (n \geq 1)$

(2) $F_n - 2 = F_{n-1}F_{n-2} \cdots F_1F_0 \quad (n \geq 1)$

(3) $(F_m, F_n) = 1 \quad (n > m \geq 0)$

증명 (1) $F_n = 2^{2^n} + 1$이므로 $F_n - 1 = 2^{2^n} = (2^{2^{n-1}})^2 = (F_{n-1} - 1)^2$

(2) $F_n - 2 = 2^{2^n} - 1 = (2^{2^{n-1}} + 1)(2^{2^{n-1}} - 1) = F_{n-1}(F_{n-1} - 2)$

$$= F_{n-1}F_{n-2}(F_{n-2} - 2) = \ \ldots$$

$$= F_{n-1}F_{n-2} \cdots F_1(F_1 - 2) = F_{n-1}F_{n-2} \cdots F_1F_0$$

(3) $d = (F_m, F_n)$라고 하자. (2)에 의하여 $F_n - 2 = F_{n-1}F_{n-2} \cdots F_1F_0$이고 $d \mid F_n$, $d \mid F_m$이므로 $d \mid 2$이다. 그런데 F_m, F_n이 모두 홀수이므로 $d = 1$ ■

연습문제(2.2)

1. $n \geq 2$일 때, 페르마 수 $F_n = 2^{2^n} + 1$의 일의 자리수가 7임을 증명하라.

2. 소수 p에 대하여, p^k은 완전수가 될 수 없음을 증명하라.

3. 다음 절차에 따라, 페르마 수 $F_5 = 2^{2^5} + 1$ 이 합성수임을 증명하라.

(1) $a = 2^7$, $b = 5$ 라고 놓으면,

$$641 = 5 \cdot 2^{5+2} + 1 = 1 + ab,\ 2^4 = 1 + ab - b^4$$

(2) $F_5 = 2^{32} + 1 = 2^4 a^4 + 1 = (1 + ab - b^4)a^4 + 1$

$$= (1 + ab)a^4 + (1 - a^4 b^4) = (1 + ab)\{a^4 + (1 - ab)(1 + a^2 b^2)\}$$

4. $\sigma(n) = 2n$일 때 n을 완전수(perfect number), $\sigma(n) > 2n$일 때 n을 과잉수(abundant number), $\sigma(n) < 2n$ 일 때 n을 부족수(deficient number)라고 부른다. 정수 2, 3, $\cdots$, 21을 완전수, 과잉수, 부족수로 분류하라.

5. 자연수 n에 대하여, $F_n \equiv 5 \pmod{12}$를 증명하라.

6. $\sigma(n)$이 홀수일 필요충분조건을 구하라.

7. $\tau(n) = k$ $(k > 1)$를 만족하는 양의 정수 n이 무한히 많음을 증명하라.

8. $\sigma(n) = k$인 양의 정수 n이 무한한 정수 k가 존재하는가?

보충문제(2.2)

1. 짝수인 완전수는 일의 자리수가 6이나 8임을 증명하라.

2. n이 완전수일 때, $\sum_{d|n} \frac{1}{d} = 2$를 증명하라.

3. n이 홀수일 때 $F_n \equiv 5 \pmod 9$이고, n이 짝수일 때 $F_n \equiv 8 \pmod 9$임을 증명하라.

4. 완전수의 자신이 아닌 약수는 완전수가 아님을 증명하라.

5. 서로 다른 홀수인 소수 p, q에 대하여 pq는 완전수가 될 수 없음을 증명하라.

6. 정수 $n > 1$의 모든 양의 약수의 곱은 $n^{\tau(n)/2}$임을 증명하라.

7. $(m, n) = 1$이면 $(2^m - 1, 2^n - 1) = 1$인데, 이를 이용하여 소수가 무한히 많음을 증명하라.

8. $\tau(n) = 12$인 두 자리 자연수 n을 모두 구하라.

9. $\sigma(n) = 36$인 정수 n을 모두 구하라.

10. p와 $q = 2p + 1$이 소수일 때, q는 M_p와 $M_p + 2$중 오직 하나의 약수임을 증명하라. 그리고 이를 이용하여 M_{23}이 합성수임을 증명하라.

11. $q=2n+1$이 소수일 때 다음을 증명하라.

(1) $q\equiv \pm 1\ (\mathrm{mod}\,8)$이면 $q\mid M_n$

(2) $q\equiv \pm 3\ (\mathrm{mod}\,8)$이면 $q\mid M_n+2$

12. p와 $q=2p+1$이 홀수인 소수일 때, $p\equiv 3\ (\mathrm{mod}\,4)$이면 $q\mid M_p$ 그리고 $p\equiv 1\ (\mathrm{mod}\,4)$이면 $q\nmid M_p$임을 증명하라.

13. p가 홀수인 소수일 때, M_p의 모든 소인수는 $2kp+1$의 형태임을 증명하라.

14. p가 홀수인 소수일 때, M_p의 모든 소인수 q는 $q\equiv \pm 1\ (\mathrm{mod}\,8)$ 의 형태임을 증명하라.

15. 양의 정수 n이 $n=\prod_{d\mid n,\,1\le d<n} d$일 때, n이 소수의 세제곱이거나 서로 다른 두 소수의 곱임을 증명하라.

합동식 (Congruences)

CHAPTER 03

3.1 합 동

양의 정수 m, 두 정수 a, b에 대하여, $m \mid (a-b)$일 때 즉, a, b를 m으로 나눈 나머지가 같을 때, a는 법(modulus) m에 관하여 b에 합동이라고 한다. 기호로 다음과 같이 나타낸다.

$$a \equiv b \pmod{m}$$

그리고 합동 기호 $\equiv$가 들어 있는 식을 합동식(congruence)이라고 한다.

한편, $m \nmid (a-b)$인 경우에, a와 b는 법 m에 관하여 합동이 아니라고 하고, 기호로 $a \not\equiv b \pmod{m}$이다.

보조정리 1.

양의 정수 m, d와 정수 a, b, c에 대하여 다음이 성립한다.

(0) $a \equiv a \pmod{m}$

(1) $a \equiv b \pmod{m} \Rightarrow b \equiv a \pmod{m}$

(2) $a \equiv b \pmod{m},\ b \equiv c \pmod{m} \Rightarrow a \equiv c \pmod{m}$

(3) $a \equiv b \pmod{m},\ c \equiv d \pmod{m} \Rightarrow a \pm c \equiv b \pm d \pmod{m},\ ac \equiv bd \pmod{m}$

특히, $a \equiv b \pmod{m} \Rightarrow a^n \equiv b^n \pmod{m} \quad (n \in \mathbb{N})$

(4) $b \equiv c \pmod{m} \Rightarrow ab \equiv ac \pmod{m}$

역으로, $(a,m)=1$일 때, $ab \equiv ac \pmod{m} \Rightarrow b \equiv c \pmod{m}$

(5) $a \equiv b \pmod{m} \Leftrightarrow ad \equiv bd \pmod{md}$

(6) $d|a,\ d|b,\ d|m$일 때,

$a \equiv b \pmod{m} \Leftrightarrow \frac{a}{d} \equiv \frac{b}{d} \left(\bmod \frac{m}{d}\right)$

증명 (0) $m|(a-a)$

(1) $m|(a-b) \Rightarrow m|(b-a)$

(2) $a-c=(a-b)+(b-c)$이므로 다음이 성립한다.

$m|(a-b),\ m|(b-c) \Rightarrow m|(a-c)$

(3) 적당한 정수 k, l에 대하여 $a=b+km,\ c=d+lm$이다. 따라서

$a \pm c=(b \pm d)+(k \pm l)m \equiv b \pm d \pmod{m}$

$ac=bd+(bl+kd+klm)m \equiv bd \pmod{m}$

(4) $m|(b-c) \Rightarrow m|a(b-c)=ab-ac$

역으로 $ab \equiv ac \pmod{m}$이면 적당한 정수 k에 대하여

$a(b-c)=ab-ac=km$

1.1절 예제 5의 (2)에 의하여 $(a,m)=1,\ m|a(b-c)$이면 $m|(b-c)$ 즉

$b \equiv c \pmod{m}$

(5), (6)은 자명하다. ■

참고로, 성질 (0), (1), (2)를 만족하는 관계를 동치관계(equivalence relation)라고 한다.

정수 전체의 집합 $\mathbb{Z}$ 위에서 합동이 동치관계이므로 서로소인 동치류(equivalence class)로 분할된다. 합동관계 $a \equiv b \pmod{m}$에 의하여 결정되는 동치류를 **법 m에 관한 잉여류**(residue class modulo m)라고 한다. a를 포함하는 잉여류 $\bar{a}$는 다음과 같다.

$$\bar{a}=\{\mathrm{b} \in \mathbb{Z} \mid \mathrm{a} \equiv \mathrm{b} \pmod{m}\}=\{\mathrm{a}+\mathrm{mk} \mid \mathrm{k} \in \mathbb{Z}\}$$

법 m에 관한 m개의 잉여류 $\bar{0}, \bar{1}, \bar{2}, \ldots, \overline{m-1}$에서 정수를 각각 하나씩 택하여 만든 집합

$$S = \{s_0, s_1, ..., s_{m-1}\}$$

을 법 m에 관한 완전잉여계(complete residue system)라고 한다.

특히 법 m에 관한 완전잉여계인 $\mathbb{Z}_m = \{0, 1, 2, ..., m-1\}$을 법 m에 관한 최소양의 잉여계(system of least positive residues)라고 한다.

집합 $S = \{s_0, s_1, \cdots, s_{m-1}\}$가 법 m에 관한 완전잉여계이면, 임의의 정수 a에 대하여 $a \equiv s_i \pmod{m}$인 $s_i \in S$가 단 하나 존재한다.

정의에 따라서 $\{1, 2, \cdots, m\}$과 같이 연이은 m개의 정수로 이루어진 집합은 분명히 법 m에 관한 완전잉여계이다. 양의 정수 m이 홀수일 때, 집합

$$\left\{-\frac{m-1}{2}, \cdots, -1, 0, 1, \cdots, \frac{m-1}{2}\right\}$$

은 법 m에 관한 완전잉여계이다.

다음은 합동의 개념을 응용하는 것으로서 3의 배수, 9의 배수, 11의 배수 판정법이 있다.

$n = a_k 10^k + a_{k-1} 10^{k-1} + \cdots + a_1 10 + a_0$이 자연수 n의 십진법 표현일 때

(1) n이 3의 배수일 필요충분조건은 n의 자릿수의 합이 3의 배수인 것이다. 즉

$$3 \mid a_k + a_{k-1} + \cdots + a_0$$

(2) n이 9의 배수일 필요충분조건은 n의 자릿수의 합이 9의 배수인 것이다. 즉

$$9 \mid a_k + a_{k-1} + \cdots + a_0$$

(3) n이 11의 배수일 필요충분조건은 n의 자릿수의 교대합

$$a_0 - a_1 + a_2 - \cdots + (-1)^k a_k$$

이 11의 배수인 것이다. 즉

$$11 \mid a_0 - a_1 + a_2 - \cdots + (-1)^k a_k$$

다음 문제를 살펴보자.

예제 3-1-1

(1) 3^{20}을 43으로 나눌 때의 나머지를 구하여라.

(2) 2^{32}을 11로 나눌 때의 나머지를 구하여라.

풀이 (1) $3^4 = 81 \equiv -5 \pmod{43}$이므로

$3^{20} = (3^4)^5 \equiv (-5)^5 = (-25) \cdot 125 \pmod{43}$

그런데 $125 \equiv -4 \pmod{43}$이므로

$(-25) \cdot 125 \equiv (-25)(-4) = 100 \equiv 14 \pmod{43}$

즉 $3^{20} \equiv 14 \pmod{43}$

따라서 3^{20}을 43으로 나눌 때의 나머지는 14

(2) $2^4 = 16 \equiv 5 \pmod{11}$, $2^8 \equiv 25 \equiv 3 \pmod{11}$, $2^{16} \equiv 9 \pmod{11}$,

$2^{32} \equiv 81 \equiv 4 \pmod{11}$이므로 구하는 나머지는 4이다.

정리 1.

m의 표준분해가 $m = p_1^{e_1} \cdots p_k^{e_k}$일 때, $a \equiv b \pmod{m}$이기 위한 필요충분조건은 모든 $i = 1, \cdots, k$에 대하여 $a \equiv b \pmod{p_i^{e_i}}$이다.

증명 1.1절의 예제 5를 반복해서 적용하면 된다.
또 다른 증명은 중국인의 나머지 정리를 이용하면 된다. ■

보조정리 2.

정수 계수를 가진 다항식 $f(x)$에 대하여, $a \equiv b \pmod{m}$이면

$$f(a) \equiv f(b) \pmod{m}$$

증명 각각의 $c_i \in \mathbb{Z}$ 에 대하여 $f(x) = c_0 + c_1 x + \cdots + c_k x^k$ 보조정리 1 (3)을 반복해서 적용하면 모든 $i \geq 0$에 대하여, $a^i \equiv b^i \pmod{m}$이고, $c_i a^i \equiv c_i b^i \pmod{m}$이다. 따라서 $f(a) = \sum c_i a^i \equiv \sum c_i b^i = f(b)$ ■

예제 3-1-2

다항식 $f(x) = x^5 - x^2 + x - 3$이 정수해를 갖지 않음을 증명하라.

증명 법 $m = 4$에 대하여, 완전잉여계 $\{0, 1, -1.2\}$을 이용하여 증명하자.

$f(0) = -3 \equiv 1$, $f(1) = -2 \equiv 2$, $f(-1) = -6 \equiv 2$, $f(2) = 27 \equiv 3$

이므로 합동식 $f(x) \equiv 0 \pmod{4}$는 해를 갖지 않고, $f(x)$는 정수해를 갖지 않는다.

각각의 정수 $a = -40, -39, \cdots, 38, 39$에 대하여, 다항식

$$f(x) = x^2 + x + 41$$

의 값 $f(a)$는 소수다. 그러나 $a = -41, 40$에 대해서 $f(a)$는 소수가 아니다.

이 다항식의 예로부터, 모든 정수 a에 대하여 $f(a)$가 소수인, 정수 계수를 가진 다항식 $f(x)$가 존재하는지 궁금해진다. 이에 대한 대답은 특별한 경우인, 상수 다항식 $f(x) = p$ (p는 소수)의 경우를 제외하고는 존재하지 않음을 다음 정리에서 알 수 있다.

정리 2.

모든 정수 a에 대하여 $f(a)$가 소수인, 정수 계수를 가진 상수가 아닌 다항식 $f(x)$는 존재하지 않는다.

증명 정수 a에 대하여 $f(a) = p$가 소수인, 정수 계수를 가진 상수가 아닌 다항식 $f(x)$가 존재한다고 가정하자. 보조정리 2에 의해 $b \equiv a \pmod{p}$이면 $f(b) \equiv f(a)$

$(\bmod\, p)$ 즉, $f(b) \equiv 0 \pmod p$이므로 $p | f(b)$이다. 가정에 의해 $f(b)$가 소수이므로 $f(b) = p$ $b \equiv a \pmod p$인 정수 b가 무한히 많으므로, 다항식 $g(x) = f(x) - p$는 무한히 많은 근을 가진다. 그러나 다항식 $g(x)$의 차수가 $d \geq 1$일 때, $g(x)$는 기껏해야 d개의 근을 가지므로 모순이다. 따라서 그러한 다항식 $f(x)$는 존재하지 않는다. ■

2.1절의 정리 4에 의하여 $(a,b)=1$일 때 일차다항식 $f(x) = ax + b$는 무한히 많은 소수인 값을 가진다. 그러나 이차 이상의 다항식이 (예를 들어, $f(x) = x^2 + 1$) 이러한 성질을 만족하는지의 여부는 알려져 있지 않다.

예제 3-1-3

$n = x^2 + 2y^2$이 홀수인 소수일 때, $n \equiv 1 \pmod 8$ 혹은 $n \equiv 3 \pmod 8$임을 보여라.

풀이 $x^2 + 2y^2$이 소수이므로 x는 홀수 $\therefore\ x^2 \equiv 1 \pmod 8$

만약 y가 짝수이면 $2y^2 \equiv 0 \pmod 8$이므로 $n \equiv 1 \pmod 8$

만약 y가 홀수이면 $y^2 \equiv 1 \pmod 8$이므로 $n \equiv 3 \pmod 8$

예제 3-1-4

$1! + 2! + 3! + \ldots + 1000!$을 128로 나눈 나머지를 구하여라.

풀이 $128 = 2^7$이고 $n \geq 8$일 때 $2^7 \mid n!$ $\left(\because\ E(2,8) = \left[\frac{8}{2}\right] + \left[\frac{4}{2}\right] + \left[\frac{2}{2}\right] = 7\right)$

따라서

$$\begin{aligned} 1! + 2! + 3! + \ldots + 7! &= 1 + 2 + 6 + 24 + 120 + 720 + 5040 \\ &= 5913 \equiv 25 \pmod{128} \end{aligned}$$

이므로 구하는 답은 25

예제 3-1-5

방정식 $15x^2-7y^2=9$가 정수해를 가지지 않음을 보여라.

풀이 방정식 $15x^2-7y^2=9$가 정수해를 가진다고 가정하자. 그러면

$$\begin{aligned}15x^2-7y^2=9 &\Rightarrow y=3y_1(\text{여기서 } y_1 \text{은 정수})\\ &\Rightarrow 15x^2-63y_1^2=9 \text{ 즉 } 5x^2-21y_1^2=3\\ &\Rightarrow x=3x_1(\text{여기서 } x_1 \text{은 정수})\\ &\Rightarrow 45x_1^2-21y_1^2=3 \text{ 즉 } 15x_1^2-7y_1^2=1\\ &\Rightarrow y_1^2\equiv -1 \pmod 3\end{aligned}$$

그러나 $y_1^2\equiv 0, 1 \pmod 3$이므로 모순이다.

따라서 방정식 $15x^2-7y^2=9$가 정수해를 가지지 않는다.

예제 3-1-6

a와 b는 모두 1 이상 100 이하의 정수이다. 이때, 두 수의 합 $a+b$를 3으로 나누면 나머지가 2이고, 두 수의 곱 ab를 3으로 나누면 나머지가 1인 정수의 순서쌍 (a, b)는 모두 몇 개인가?

풀이 주어진 조건

$$a+b\equiv 2 \pmod 3, \quad ab\equiv 1 \pmod 3$$

을 동시에 만족시키는 a, b는

$$a\equiv 1 \pmod 3, \quad b\equiv 1 \pmod 3$$

따라서 a의 경우의 수는 34가지이고, b의 경우의 수도 34가지이므로 구하는 정수의 순서쌍 (a, b)의 개수는 $34^2=1156$

예제 3-1-7

분모가 2005 이하인 기약분수 중에서 $\frac{9}{25}$가 아니면서 $\frac{9}{25}$와 가장 가까운 분수를 구하여라.

풀이 구하는 분수를 $\frac{q}{p}$라 하면 $\left|\frac{9}{25}-\frac{q}{p}\right|=\frac{|9p-25q|}{25p}$가 최소일 때를 구하면 된다.

(i) $9p-25q=\pm 1$일 때, $2q\equiv \pm 1 \pmod 9$에서 $q=5,\ 4 \pmod 9$

따라서 이 방정식의 일반해는 $q=9t+5,\ p=25t+14$ 또는

$q=9t+4,\ p=25t+11$

각각의 경우 $25p$가 최대일 때를 비교해 보면 $p=1989,\ q=716$일 때 최소이다.

(ii) $|9p-25q|\geq 2$일 때, $25p\leq 25\times 2005$에서

$$\frac{|9p-25q|}{25p}\geq\frac{2}{25p}\geq\frac{2}{25\times 2005}>\frac{1}{25\times 1989}$$

이므로 $p=1989,\ q=716$일 때보다 크다.

(i), (ii)에 의해 구하는 답은 $\frac{716}{1989}$

예제 3-1-8

2^{1000}을 100으로 나눈 나머지는 얼마인가?

풀이 $2^{10}=1024\equiv 24 \pmod{100},\ 2^{20}\equiv 24^2=576\equiv 76 \pmod{100}$

$2^{40}\equiv 76^2=5776\equiv 76 \pmod{100},\ 2^{80}\equiv 76^2\equiv 76 \pmod{100}$

$2^{160}\equiv 2^{320}\equiv 2^{640}\equiv 76 \pmod{100}$

따라서 $2^{1000}=2^{640}\cdot 2^{320}\cdot 2^{40}\equiv 76^3\equiv 76 \pmod{100}$ 즉 구하는 답은 76

연습문제(3.1)

1. 정수 $1!+2!+3!+\cdots+10!$의 일의 자리수를 구하라.

2. 다음 합동식 중에서 참인 것은 증명하고, 거짓인 것은 반례를 들라.

(1) $ab \equiv 0 \pmod{m} \Rightarrow a \equiv 0 \pmod{m}$이거나 $b \equiv 0 \pmod{m}$

(2) $a^2 \equiv b^2 \pmod{m} \Rightarrow a \equiv b \pmod{m}$

(3) $a^2 \equiv 0 \pmod{m^2} \Rightarrow a \equiv 0 \pmod{m}$

(4) $d=(a, m)$일 때, $ab \equiv ac \pmod{m} \Rightarrow b \equiv c \pmod{\frac{m}{d}}$

3. $a \equiv b \pmod{m}$이면 $(a, m)=(b, m)$임을 증명하라. 역이 성립하는가?

4. 두 양의 정수 m, k와 두 정수 a, b에 대하여

$$(a,b)=1,\ a^k \equiv b^k \pmod{m},\ a^{k+1} \equiv b^{k+1} \pmod{m}$$

이면, $a \equiv b \pmod{m}$임을 증명하라.

5. 집합 $S=\{s_0, s_1, \cdots, s_{m-1}\}$가 법 m에 관한 완전잉여계일 때, $(a, m)=1$인 정수 a와 임의의 정수 b에 대하여 $T=\{as_0+b, as_1+b, \cdots, as_{m-1}+b\}$도 법 m에 관한 완전잉여계임을 증명하라.

6. 정수 a, b와 양의 정수 $m_1, \cdots, m_k$에 대하여,

$$a \equiv b \pmod{m_i},\ (i=1, \cdots, k)$$

일 필요충분조건은 $a \equiv b \pmod{[m_1, \cdots, m_k]}$임을 증명하라.

7. 양의 정수 a를 십진법으로 표현하면

$$a = a_n a_{n-1} \cdots a_1 a_0 = a_n 10^n + a_{n-1} 10^{n-1} + \cdots + a_1 10 + a_0.$$

$b = a_0 + a_1 + \cdots + a_n$, $c = a_0 - a_1 + a_2 - \cdots + (-1)^n a_n$라 놓으면

(1) $3|a \Leftrightarrow 3|b$

(2) $9|a \Leftrightarrow 9|b$

(3) $11|a \Leftrightarrow 11|c$

8. 양의 정수 a의 순서를 거꾸로 하면 b일 때 (예를 들면, $a = 12345$, $b = 54321$), 정수 $a - b$가 9로 나누어짐을 증명하라.

9. 다음 다항식이 정수해를 갖지 않음을 증명하라.

(1) $x^3 - x + 1$

(2) $x^3 + x^2 - x + 1$

(3) $x^3 + x^2 - x + 3$

10. 페르마 수 $F_n = 2^{2^n} + 1$이 다음 합동식을 만족함을 증명하라.

$$2^{F_n} \equiv 2 \pmod{F_n}$$

보충문제(3.1)

1. $n \equiv 3 \pmod 4$이면 n은 두 정수의 제곱의 합으로 나타낼 수 없음을 증명하라.

2. 방정식 $x^2 + y^2 + z^2 = 1999$의 정수해가 존재하지 않음을 증명하라.

3. 방정식 $x^2 + y^2 = 1839$의 정수해가 존재하지 않음을 증명하라.

4. 합 $1! + 2! + 3! + \cdots + 99! + 100!$을 12로 나눌 때 나머지를 구하라.

5. 정수 $2^{20} - 1$을 41로 나눌 때 나머지를 구하라.

6. 합 $1^5 + 2^5 + 3^5 + \cdots + 99^5 + 100^5$을 4로 나눌 때 나머지를 구하라.

7. 정수 9^{9^9}의 일의 자리수와 십의 자리수를 구하라.

8. 똑같은 물건 72개를 산 영수증을 보니 $x679y$원으로 만의 자리수 x와 일의 자리수 y가 보이지 않았다. x, y를 구하라.

9. 연속된 세 정수 각각의 세제곱의 합이 9의 배수임을 증명하라.

10. 방정식 $x^2 - 2y^2 = 10$의 정수해 (x, y)는 존재하지 않음을 증명하라.

11. $1751922 \cdot 11012 = 192921x5064$에서 자리수 x를 구하라

12. 정수 $53x0y74z$가 264로 나누어질 때, 자리수 x, y, z를 구하라.

13. 방정식 $x^2+y^2-8z=6$은 정수해가 없음을 증명하라.

14. 모든 정수 n에 대하여, $n^2+2n+12$는 121의 배수가 아님을 증명하라.

15. 2^n+1이 3의 배수가 되는 모든 양의 정수 n을 구하라.

16. 2^n-1이 7의 배수가 되는 모든 양의 정수 n을 구하라. 또한 2^n+1이 7의 배수가 되는 양의 정수 n은 존재하지 않음을 증명하라.

17. $p \geq 5$가 소수일 때, p^2+2는 합성수임을 증명하라.

18. p_i가 i번째 소수라면 $p_1 p_2 \cdots p_n + 1$은 완전제곱수가 아님을 증명하라.

19. 6^{48}을 13으로 나눈 나머지를 구하라.

20. $a^2 \equiv b^2 \pmod{n}$일 때 $a \equiv b \pmod{n}$임을 증명하든지 반례를 들라.

21. $a^k \equiv b^k \pmod{n}$이고 $k \equiv j \pmod{n}$이면 $a^j \equiv b^j \pmod{n}$임을 증명하든지 반례를 들라.

22. $ab \equiv cd \pmod{n}$, $b \equiv d \pmod{n}$, 그리고 $(b, n)=1$일 때, $a \equiv c \pmod{n}$임을 증명하든지 반례를 들라.

23. 홀수 k에 대해 $11^{2k}+19^{2k}$이 241로 나누어짐을 증명하라.

24. 모든 정수 n에 대해, $3^{2n+1}+2^{n+2}$가 7로 나누어짐을 증명하라.

25. 정수 $a_1, a_2, \cdots, a_n$에 대하여

$$|a_1-a_2|+|a_2-a_3|+\cdots+|a_{n-1}-a_n|+|a_n-a_1|$$

이 짝수임을 증명하라.

26. 양의 정수 x에 대하여, $7x$의 십진법 표현에서 숫자의 합이 $5x$의 십진법 표현에서 숫자의 합과 같으면, x는 9의 배수임을 증명하라.

27. $1^{1995}+2^{1995}+3^{1995}+\cdots+1996^{1995}$를 4로 나눈 나머지는?

28. 3^{100}을 7로 나눈 나머지는?

29. 음이 아닌 정수 n에 대하여, $11^n+2\times 17^n$은 완전제곱수가 될 수 없음을 증명하라.

30. x, y, z가 정수이고 $x^2+y^2=z^2$을 만족할 때, xyz가 60의 배수임을 증명하라.

31. 자연수 n에 대하여 $2n+1, 3n+1$이 완전제곱수이면 n이 40의 배수임을 증명하라.

32. 두 개의 양의 정수 $m, n\ (m<n)$이 있다. 십진법으로 쓸 때 1978^m의 마지막 세 자리와 1978^n의 마지막 세 자리가 같다. $m+n$이 최소가 되는 m과 n을 구하라.

33. 다음을 증명하라.

$$ab\equiv cd\,(\mathrm{mod}\,m),\ c\equiv d\,(\mathrm{mod}\,m),\ (c, m)=1\ \Rightarrow\ a\equiv b\,(\mathrm{mod}\,m)$$

34. 합동식 $a_1x_1+\cdots+a_nx_n+b\equiv 0\,(\mathrm{mod}\,m)$이 정수해를 가질 필요충분조건이 $(a_1, \cdots, a_n, m)|b$임을 증명하라. 만약 이 조건이 만족될 때, 법 m에 관한 비합동해의 개수는 $m^{n-1}(a_1, \cdots, a_n, m)$임을 증명하라.

3.2 합동식(Congruences)과 중국인의 나머지 정리(Chinese Remainder Theorem)

3.1절에서, 법 m에 관한 잉여류들의 덧셈, 뺄셈, 곱셈을 살펴보았고 이제 나눗셈을 살펴보자. 법 m에 관한 잉여류 $\bar{a}, \bar{b}$에 대해서 그 나눗셈 $\dfrac{\bar{b}}{\bar{a}}$는 일차합동식(Linear congruence)

$$ax \equiv b \pmod{m}$$

의 해를 구하는 것과 같다. 그리고 이는 디오판투스 방정식

$$ax + my = b$$

의 정수해 (x, y)에서 x를 구하는 것과 같다.

다음 정리는 일차합동식의 해를 구하는 일반적인 방법이다.

정리 1.

$d = \gcd(a, m)$일 때, 일차합동식

$$ax \equiv b \pmod{m}$$

이 해를 가질 필요충분조건은 $d|b$이다.
$d|b$이고 x_0가 일차합동식의 특수해일 때, 일반해는 다음과 같이 주어진다.

$$x = x_0 + \frac{m}{d}t, \quad (t \in \mathbb{Z})$$

특별히, $\bmod m$으로 d개의 해를 가진다. 즉

$$x = x_0,\ x_0 + \frac{m}{d},\ x_0 + \frac{2m}{d},\ \cdots,\ x_0 + \frac{(d-1)m}{d}$$

다시 말해서, $\bmod \dfrac{m}{d}$으로 1개의 해, 즉 $x \equiv x_0 \pmod{\dfrac{m}{d}}$를 가진다.

증명 1.2절의 정리 1과 거의 같다. (b, c대신에 n, b를 대입하면 된다.) 다만, 위에서

d개의 해가 $\bmod m$에서 서로 합동이 아님을 증명하면 된다.

만약 $x_0 + \frac{mt_1}{d} \equiv x_0 + \frac{mt_2}{d} \pmod m$, $(0 \le t_1 < t_2 \le d-1)$이면

$$\Leftrightarrow \frac{mt_1}{d} \equiv \frac{mt_2}{d} \pmod m \Leftrightarrow t_1 \equiv t_2 \pmod d$$

즉, $d|(t_2 - t_1)$ [$\because \gcd(\frac{m}{d}, m) = \frac{m}{d}$]

그러나 $0 < t_2 - t_1 < d$ 이므로 모순이다. 그러므로 d개의 해가 $\bmod m$에서 서로 합동이 아니다.

임의의 해 $x_0 + \frac{m}{d}t$에 대하여 나눗셈 알고리즘에 의해

$$t = qd + r,\ 0 \le r \le d-1$$

이므로

$$x_0 + \frac{m}{d}t = x_0 + \frac{m}{d}(qd + r) = x_0 + mq + \frac{m}{d}r \equiv x_0 + \frac{m}{d}r \pmod m$$

이고 $x_0 + \frac{m}{d}r$은 d개의 해 중에서 하나다. ■

연립일차합동식(system of linear congruences)의 해를 구하는 정리가 다음의 중국인의 나머지 정리(Chinese Remainder Theorem)이다.

정리 2.

양의 정수 $m_1, m_2, \cdots, m_k$에 대하여 $i \ne j$이면 $\gcd(m_i, m_j) = 1$이다. 그러면 연립일차합동식

$$\begin{aligned} x &\equiv a_1 \pmod{m_1}, \\ x &\equiv a_2 \pmod{m_2}, \\ &\cdots\cdots \\ x &\equiv a_k \pmod{m_k} \end{aligned}$$

은 유일한 법 $m_1m_2\cdots m_k$에 대하여 공통근을 갖는다.

증명 법 $m_1, m_2, \cdots, m_k$의 곱을 $m = m_1m_2\cdots m_k$라 놓자. 각각의 $i = 1, 2, \cdots, k$에 대하여

$$M_i = \frac{m}{m_i} = m_1 \cdots m_{i-1}m_i \cdots m_k$$

가정에 의해 $m_1, m_2, \cdots, m_k$가 쌍마다 서로 소이므로 $\gcd(M_i, m_i) = 1$

정리 1에 의하여 일차합동식 $M_i x \equiv 1 \pmod{m_i}$은 유일한 해 x_i를 갖는다. 이제

$$u = \sum_{i=1}^{k} M_i x_i a_i$$

라 놓으면 $i \neq j$일 때

$$M_j = m_1 \cdots m_{j-1}m_j \cdots m_k \equiv 0 \pmod{m_i}$$

이므로

$$u \equiv M_i x_i a_i \equiv a_i \pmod{m_i} \quad (1 \leq i \leq k)$$

이고, 3.1절의 정리 1에 의하여 주어진 연립합동식은 단 한 개의 해

$$x \equiv u \pmod{m_1m_2\cdots m_k}$$

를 가진다. ■

예제 3-2-1

합동식 $25x \equiv 8 \pmod{84}$의 해를 구하여라.

풀이 1.2절에서 살펴본 디오판투스 방정식의 해법으로 합동식의 해를 구할 수 있다.

즉 디오판투스 방정식 $25x + 84y = 8$에서

$84 = 25 \cdot 3 + 9,\ 25 = 9 \cdot 2 + 7,\ 9 = 7 \cdot 1 + 2,\ 7 = 2 \cdot 3 + 1$

이므로

$1 = 7 - 2 \cdot 3 = 7 - (9 - 7) \cdot 3 = 7 \cdot 4 - 9 \cdot 3 = (25 - 9 \cdot 2) \cdot 4 - 9 \cdot 3$

$= 25 \cdot 4 - 9 \cdot 11 = 25 \cdot 4 - (84 - 25 \cdot 3) \cdot 11 = 25 \cdot 37 - 84 \cdot 11$

따라서 $8 = 25 \cdot 296 - 84 \cdot 88$ 즉 $25 \cdot 296 \equiv 8 \pmod{84}$

그런데 $296 \equiv 44 \pmod{84}$이므로 구하는 답은 $x \equiv 44 \pmod{84}$

예제 3-2-2

연립합동식

$$x \equiv 2 \pmod 3,\ x \equiv 3 \pmod 5,\ x \equiv 2 \pmod 7$$

의 해를 구하라.

풀이 $m = 3 \cdot 5 \cdot 7 = 105, M_1 = \frac{m}{3} = 35,\ M_2 = \frac{m}{5} = 21,\ M_3 = \frac{m}{7} = 15$로 놓자.

$35x \equiv 1 \pmod 3$, $21x \equiv 1 \pmod 5$, $15x \equiv 1 \pmod 7$에서 각각의 유일한 해

$x_1 = 2,\ x_2 = 1,\ x_3 = 1$

을 얻는다. 따라서 연립합동식의 해는

$u = 35 \cdot 2 \cdot 2 + 21 \cdot 1 \cdot 3 + 15 \cdot 1 \cdot 2 = 233 \equiv 23 \pmod{105}$

즉, 구하는 답은 $x = 23 + 105t\ (t \in \mathbb{Z})$

(별해) $x \equiv 2 \pmod 7$에서 $x = 7t + 2$를 두 번째 합동식에 대입하면

$7t + 2 \equiv 3 \pmod 5$, 즉 $7t \equiv 1 \pmod 5$

이고, 이를 풀면

$t \equiv 3 \pmod 5$, 즉 $t = 5u + 3$.

이제 $x = 7(5u + 3) + 2 = 35u + 23$을 첫 번째 합동식에 대입하면

$35u + 23 \equiv 2 \pmod 3$, 즉 $u \equiv 0 \pmod 3$

이므로 $u = 3v$이고 따라서

$x = 105v + 23, (v \in \mathbb{Z})$.

예제 3-2-3

합동식 $13x \equiv 71 \pmod{380}$의 해를 구하여라.

풀이 예제 1과 같이 일차합동식의 해법으로 답을 구할 수 있고 이제 다음과 같이 연립합동식으로 바꾸어 해를 구하겠다.

$380 = 2^2 \cdot 5 \cdot 19$이므로 주어진 합동식은

$13x \equiv 71 \pmod 4,\ 13x \equiv 71 \pmod 5,\ 13x \equiv 71 \pmod{19}$

이고 이는

$x \equiv 3 \pmod 4,\ 3x \equiv 1 \pmod 5,\ 13x \equiv 14 \pmod{19}$

이다. $3x \equiv 1 \pmod 5$를 풀면 $x \equiv 2 \pmod 5$이고, $13x \equiv 14 \pmod{19}$을 풀면 $x \equiv 4 \pmod{19}$이다. 따라서 연립합동식

$x \equiv 3 \pmod 4,\ x \equiv 2 \pmod 5,\ x \equiv 4 \pmod{19}$

을 중국인의 나머지 정리를 이용하여 풀면

$x \equiv 327 \pmod{380}$

이제 정리 2에서 쌍마다 서로 소인 조건을 없애면 다음의 중국인의 나머지 정리의 확장을 얻는다.

정리 3.

양의 정수 $m_1, \cdots, m_k$ 정수 $a_1, \cdots, a_k$에 대하여, 연립일차합동식

$$x \equiv a_1 \pmod{m_1},\ \cdots\ ,\ x \equiv a_k \pmod{m_k}$$

가 해를 가지기 위한 필요충분조건은
모든 $i \neq j$에 대하여, $\gcd(m_i, m_j) | (a_i - a_j)$
이다. 이 조건이 만족될 때, 법 $[m_1, m_2, \cdots, m_k]$에 대하여 단 하나의 해를 갖는다.

증명 **해 x가 존재한다면 모든 i에 대하여 $x \equiv a_i \pmod{m_i}$이고 $m_i | (x - a_i)$이다.**

모든 $i \neq j$에 대하여, $\gcd(m_i, m_j)$는 m_i, m_j를 나누므로 $x-a_i$, $x-a_j$를 나누고 $(x-a_j)-(x-a_i)=a_i-a_j$를 나눈다. 즉, $\gcd(m_i, m_j)|(a_i-a_j)$ 임의의 해 x_0에 대해서, x가 해이면 $x \equiv x_0 \pmod{m_i}$ $(i=1, 2, \cdots, k)$이고 3.1절의 연습문제 6에 의해 $x \equiv x_0 \pmod{m}$, $(m=[m_1, m_2, \cdots, m_k]$라 놓자.)

반대로 모든 $i \neq j$에 대하여, $\gcd(m_i, m_j)|(a_i-a_j)$라고 가정하자.

법 $m_1, \cdots, m_k$가 쌍마다 서로 소가 아니면, 어떤 소수 p는 두 개 이상의 m_i를 나눈다.

만약 m_i를 나눌 때 p의 지수 p^e이 최대라고 하자. $p^f|m_j$이면 $f \leq e$이고 $p^f|\gcd(m_i,m_j)$. 가정에 의해 $p^f|(a_i-a_j)$ 즉, $a_i \equiv a_j \pmod{p^f}$. 따라서 $x \equiv a_i \pmod{p^e}$이면 $x \equiv a_i \pmod{p^f}$이고 $x \equiv a_j \pmod{p^f}$이다. 즉, $x \equiv a_i \pmod{p^e}$으로 $x \equiv a_j \pmod{p^f}$을 생략할 수 있다. 이와 같은 방법으로 쌍마다 서로 소가 아닌 연립합동식을 쌍마다 서로소인 연립합동식으로 변환시킬 수 있고, 중국인의 나머지 정리에 의해 해가 존재한다.

물론 법은 각 소인수에 대하여 최대 지수로 만들어지므로 $[m_1, m_2, \cdots, m_k]$이다.

■

예제 3-2-4

연립합동식

$$x \equiv 11 \pmod{36},\ x \equiv 7 \pmod{40},\ x \equiv 32 \pmod{75}$$

의 해를 구하라.

풀이 $m_1=36$, $m_2=40$, $m_3=75$이고

$\gcd(36,40)=4$, $\gcd(36,75)=3$, $\gcd(40,75)=5$이다.

$a_1-a_2=11-7=4$, $a_1-a_3=11-32=-21$, $a_2-a_3=7-32=-25$이므로

$\gcd(m_i, m_j)|(a_i-a_j)$이고, 정리 3에 의해, 법 $m=[36,40,75]=1800$에 대하여 단 하나의 해를 갖는다.

각각의 m_i의 표준분해를 구하여 각 합동식을 쪼개자.

첫째 합동식은 $x \equiv 11 \pmod{2^2}$과 $x \equiv 11 \pmod{3^2}$.

둘째 합동식은 $x \equiv 7 \pmod{2^3}$과 $x \equiv 7 \pmod{5}$.

셋째 합동식은 $x \equiv 32 \pmod{3}$과 $x \equiv 32 \pmod{5^2}$.

정리 3의 증명과정에 의해 위의 합동식은 다음과 같다.

$x \equiv 7 \pmod{8}$, $x \equiv 2 \pmod{9}$, $x \equiv 7 \pmod{25}$

이제 중국인의 나머지 정리를 이용하면 단 하나의 해

$x \equiv 407 \pmod{1800}$

을 얻는다.

이제 연립 고차합동식의 해를 구하는 문제를 살펴보자.

예제 3-2-5

연립합동식 $x^2 \equiv 1 \pmod{3}$, $x \equiv 2 \pmod{4}$의 해를 구하라.

풀이 주어진 연립합동식은 다음과 동치이다.

$[x \equiv 1 \pmod{3}$ 또는 $x \equiv 2 \pmod{3}]$ 그리고 $x \equiv 2 \pmod{4}$ 즉,

$[x \equiv 1 \pmod{3},\ x \equiv 2 \pmod{4}]$ 또는 $[x \equiv 2 \pmod{3},\ x \equiv 2 \pmod{4}]$

중국인의 나머지 정리에 의해

$x \equiv -2 \pmod{12}$ 또는 $x \equiv 2 \pmod{12}$

즉, $x \equiv \pm 2 \pmod{12}$

예제 5의 일반형으로 다음 정리를 증명하자.

정리 4.

$m = m_1 \cdots m_k$이고 $m_1, \cdots, m_k$는 쌍마다 서로소이다. 정수를 계수로 가지는 다항식 $f(x)$와 $i = 1, 2, \cdots, k$에 대하여 $f(x) \equiv 0 \pmod{m_i}$를 만족하는 해 $x \in \mathbb{Z}_{m_i}$의 개수가 N_i일 때, $f(x) \equiv 0 \pmod{m}$를 만족하는 해 $x \in \mathbb{Z}_m$의 개수는 $N = N_1 \cdots N_k$이다.

증명 $m_1, \cdots, m_k$가 쌍마다 서로소이므로 $f(x) \equiv 0 \pmod{m}$일 필요충분조건은 모든 $i = 1, 2, \cdots, k$에 대하여 $f(x) \equiv 0 \pmod{m_i}$를 만족하는 것이다.

$f(x) \equiv 0 \pmod{m}$를 만족하는 해 $x \in \mathbb{Z}_m$에 대하여 $x \equiv x_i \pmod{m_i}$인 $x_i \in \mathbb{Z}_{m_i}$가 $f(x_i) \equiv 0 \pmod{m_i}$를 만족한다.$(i = 1, 2, \cdots, k)$

역으로 $f(x_i) \equiv 0 \pmod{m_i}$를 만족하는 $x_i \in \mathbb{Z}_{m_i}$가 존재하면$(i = 1, 2, \cdots, k)$, 중국인의 나머지 정리에 의해 유일한 $x \in \mathbb{Z}_m$가 존재해서 $x \equiv x_i \pmod{m_i}$ $(i = 1, 2, \cdots, k)$, $f(x) \equiv 0 \pmod{m}$을 만족한다.

따라서 $f(x) \equiv 0 \pmod{m}$를 만족하는 $x \in \mathbb{Z}_m$와 $f(x_i) \equiv 0 \pmod{m_i}$, $x_i \in \mathbb{Z}_{m_i}$를 만족하는 순서쌍 $(x_1, \cdots, x_k)$ 사이에 일대일 대응이 존재한다. 각각의 $x_i \in \mathbb{Z}_{m_i}$의 경우의 수가 N_i이므로 순서쌍 $(x_1, \cdots, x_k)$의 경우의 수는 $N_1 \cdots N_k$이고, 따라서 $f(x) \equiv 0 \pmod{m}$를 만족하는 $x \in \mathbb{Z}_m$의 경우의 수도 $N = N_1 \cdots N_k$이다. ■

예제 3-2-6

정리 4에서 $f(x) = x^2 - 1$일 때, 합동식 $x^2 \equiv 1 \pmod{m}$을 만족하는 $x \in \mathbb{Z}_m$의 개수 N을 구하라.

풀이 먼저 p가 소수일 때, 합동식 $x^2 \equiv 1 \pmod{p^e}$의 해를 구해보자.

p가 홀수이면 2개의 해가 존재한다. 분명히 $x \equiv \pm 1 \pmod{p^e}$은 합동식 $x^2 \equiv 1 \pmod{p^e}$의 해이다. 역으로, $x^2 \equiv 1 \pmod{p^e}$이면 p^e이 $x^2 - 1 = (x-1)(x+1)$을 나누고, $p > 2$이므로,

p^e이 $x-1$이나 $x+1$을 나눈다. 즉 $x \equiv \pm 1 \pmod{p^e}$

$p^e = 2$이면 합동식 $x^2 \equiv 1 \pmod{p^e}$은 1개의 해 $x \equiv 1 \pmod{2}$를 갖는다.

$p^e = 4$이면 합동식 $x^2 \equiv 1 \pmod{p^e}$은 2개의 해 $x \equiv \pm 1 \pmod{4}$를 갖는다.

$p^e = 2^e \geq 8$이면 합동식 $x^2 \equiv 1 \pmod{p^e}$은 4개의 해 $x \equiv \pm 1 \pmod{p^e}$, $x \equiv 2^{e-1} \pm 1 \pmod{p^e}$를 갖는다.

일반적으로, m의 표준분해를 $m = m_1 \cdots m_k$, $m_i = p_i^{e_i}$, $e_i \geq 1$라고 놓자.

홀수 p_i에 대하여, $x^2 \equiv 1 \pmod{m_i}$의 해 $x \in \mathbb{Z}_{m_i}$의 개수 $N_i = 2$

$p_i = 2$일 때, $x^2 \equiv 1 \pmod{m_i}$의 해 $x \in \mathbb{Z}_{m_i}$의 개수 N_i는 $e=1$일 때 $N_i = 1$이고, $e=2$일 때 $N_i = 2$이고, $e=3$일 때 $N_i = 4$이다.

정리 4에 의하여, 합동식 $x^2 \equiv 1 \pmod{m}$을 만족하는 $x \in \mathbb{Z}_m$의 개수는 $N = N_1 \cdots N_k$이다.

따라서 $m \equiv 0 \pmod{8}$이면 $N = 2^{k+1}$이고, $m \equiv 2 \pmod{4}$이면 $N = 2^{k-1}$이고, 어느 경우도 아니면 $N = 2^k$이다.

예를 들어, $m = 60 = 2^2 \cdot 3 \cdot 5$이면 $k=3$이고 합동식 $x^2 \equiv 1 \pmod{m}$을 만족하는 $x \in \mathbb{Z}_m$의 개수는 $2^k = 8$이다. 즉, 합동식의 해는

$x \equiv \pm 1, \pm 11, \pm 19, \pm 29 \pmod{60}$

연습문제(3.2)

1. 합동식 $91x \equiv 419 \pmod{440}$의 해를 구하라.

2. 연립합동식

$$3x \equiv 6 \pmod{12},\ 2x \equiv 5 \pmod{7},\ 3x \equiv 1 \pmod{5}$$

의 해를 구하라.

3. 연립합동식

$$x^2 + 2x + 2 \equiv 0 \pmod{5},\ 7x \equiv 3 \pmod{11}$$

의 해를 구하라.

4. 다음 연립합동식의 해가 존재하는지 결정하고, 만약 존재하면 그 해를 구하라.
(1) $x \equiv 1 \pmod{6},\ x \equiv 5 \pmod{14},\ x \equiv 4 \pmod{21}$
(2) $x \equiv 1 \pmod{6},\ x \equiv 5 \pmod{14},\ x \equiv -2 \pmod{21}$

5. 다음을 만족하는 최소의 홀수 $n > 3$을 구하라.

$$3 \mid n,\ 5 \mid (n+2),\ 7 \mid (n+4)$$

6. 정수 $\frac{n}{2}$은 제곱수(square), 정수 $\frac{n}{3}$은 세제곱수(cube), 정수 $\frac{n}{5}$은 오제곱수(fifth power)인 최소의 양의 정수 n을 구하라.

7. 자연수 11의 배수 중에서 2,3,5,7로 나누었을 때의 나머지가 각각 1인 최소의 양의 정수를 구하라.

8. 연립합동식 $x^2 + 2x + 2 \equiv 0 \pmod{5}$, $7x \equiv 3 \pmod{11}$의 정수해를 구하라.

보충문제(3.2)

1. 정수가 서로 다른 소수의 곱으로 표현될 때, 제곱인수(square factor)를 갖지 않는(square-free) 다고 한다. 임의의 정수 $k \geq 1$에 대하여, 제곱인수를 갖는 k개의 연속된 정수가 존재함을 증명하라.

2. 다음을 만족하는 법 7에 관한 완전잉여계 $\{s_0, s_1, \cdots, s_6\}$를 구하라.
   (1) 각각의 s_i가 홀수.
   (2) 각각의 s_i가 짝수.
   (3) 각각의 s_i가 소수.
   (4) 각각의 s_i가 완전제곱수일 때, 법 7에 관한 완전잉여계가 존재하는가? 존재하면 구하라.

3. 합동식 $17x \equiv 9 \pmod{276}$의 해를 구하라.

4. 다음을 만족하는 최소의 정수 $n > 2$을 구하라.

$$2|n,\ 3|(n+1),\ 4|(n+2),\ 5|(n+3),\ 6|(n+4)$$

5. 정수 n을 3, 4, 5, 6으로 나누었을 때 각각의 나머지가 2, 3, 4, 5인 양의 정수 n을 구하라.

6. 자연수 1과 1200사이의 정수로 9, 11, 13으로 나누었을 때 각각의 나머지가 1, 2, 6인 정수를 구하라.

7. (1) 연속된 세 정수 $n, n+1, n+2$의 각각이 제곱인수 $3^2, 4^2, 5^2$을 갖는 최소의 양의 정수 n을 구하라.

(2) 연속된 세 정수 $n, n+1, n+2$의 각각이 제곱인수 $2^2, 3^2, 4^2$을 갖는 양의 정수 n이 존재하는지 결정하라.

8. 다음 합동식 $f(x) \equiv 0 \pmod{m}$의 $\mathbb{Z}_m$에서의 해의 개수를 구하라.

(1) $f(x) = x^2 - 1, \quad m = 168$

(2) $f(x) = x^2 + 1, \quad m = 70$

(3) $f(x) = x^2 + x + 1, \quad m = 91$

(4) $f(x) = x^3 + 1, \quad m = 140$

9. 3000과 5000사이에 있는 정수로서, 7로 나눌 때 나머지 1, 11로 나눌 때 나머지 3, 13으로 나눌 때 나머지 5인 수를 구하라.

10. 10, 9, ⋯, 3, 2로 나눌 때 나머지가 각각 9, 8, ⋯, 2, 1인 최소의 자연수를 구하라.

11. 소수 p에 대하여, $\binom{2p}{p} \equiv 2 \pmod{p}$를 증명하라.

12. 디오판투스 방정식 $x^2 - 4y^2 = 2$가 해를 가지는지 판별하라.

13. 디오판투스 방정식 $y^2 - x^2 = 2$가 해를 가지지 않음을 증명하라.

14. 디오판투스 방정식 $y^2 = x^3 + 2$가 해를 가지면 x, y는 홀수임을 증명하라.

15. n이 주어진 정수일 때,

(1) $x^2 - y^2 = n$이 해를 가지기 위한 필요충분조건은 n이 홀수이거나 $4 | n$이다.

(2) $x^2 - y^2 = n$이 해를 가질 때, 모든 해를 구하라.

16. 합동식 $17x \equiv 3 \pmod{210}$의 해를 구하라.

17. 해적 17명이 한 자루의 금화를 훔쳤다. 균등하게 분배를 하다보니 3개의 금화가 남았다. 이 남는 금화를 서로 가지려고 싸우다 한 해적이 살해되었다. 다시 분배하다보니 이번에는 10개의 금화가 남았다. 다시 다투던 중 또 한 해적이 살해되었다. 그래서 다시 분배하였더니 이번에는 똑같이 나눌 수가 있었다. 처음에 도둑맞은 금화는 최소한 몇 개였는가?

18. 다음 연립합동식의 해를 구하라.

$$2x \equiv 3 \pmod{5},\ 4x \equiv 2 \pmod{6},\ 3x \equiv 2 \pmod{7}$$

19. n^2을 240으로 나누었을 때, 나머지가 1이 되는 240이하의 정수 n은 모두 몇 개인가?

20. $2x-1$은 5의 배수이고, $3x-9$는 6의 배수이고, $4x-1$은 7의 배수이고, $5x-9$는 11의 배수이다. 이런 x를 모두 구하라.

CHAPTER 04

오일러 정리 (Euler's Theorem)

4.1 라그랑즈(Lagrange) 정리와 페르마 정리(Fermat's Little Theorem)

3.2절에서 일차합동식 $ax \equiv b \pmod{m}$은 $(a, m) = 1$일 때 단 하나의 해를 가짐을 알고 있다. 만약 m이 소수 p라면 $(a, m) = (a, p)$는 1이나 p이다.

만약 $(a, p) = 1$이면 $\bmod p$로 단 하나의 해를 갖는다. 만약 $(a, p) = p$ (즉, $p|a$)이면, 모든 x가 해이거나($p|b$일 때), 또는 어떤 x도 해가 아니다 ($p \nmid b$일 때).

따라서 다항식 $ax - b$가 $\mathbb{Z}_p$에서 일차일 때 [즉, $a \not\equiv 0 \pmod{p}$], 다항식은 기껏해야 하나의 $\mathbb{Z}_p$에서의 근을 갖는다.

사실, 실계수 d차 자명하지 않은(non-trivial) 다항식은 기껏해야 d개의 서로 다른 실근을 가진다. 자연스럽게 $\mathbb{Z}_p$에 대해서도 성립하는지 질문할 수 있다. 물론 위에서 본 바와 같이 $d = 1$일 때 성립한다. Lagrange의 정리(정리 1)는 이 질문에 대한 답을 제공한다.

보조정리 1.

정수를 계수로 가지는 다항식 $f(x)$와 정수 a에 대하여

$$f(a) \equiv 0 \pmod{m}$$

이기 위한 필요충분조건은

$$f(x) \equiv (x-a)g(x) \pmod{m}$$

인 정수를 계수로 가지는 다항식 $g(x)$가 존재하는 것이다.

증명 다항식에 대한 나눗셈 알고리즘에 의하면, 정수 a에 대하여

$$f(x) = (x-a)g(x) + f(a)$$

인 정수를 계수로 가지는 다항식 $g(x)$가 존재하고, 이 때 $f(a) \equiv 0 \pmod{m}$이면

$$f(x) \equiv (x-a)g(x) \pmod{m}$$

이다.

역으로, $f(x) \equiv (x-a)g(x) \pmod{m}$인 정수를 계수로 가지는 다항식 $g(x)$가 존재하면

$$f(a) \equiv (a-a)g(a) \equiv 0 \pmod{m}$$

이다. ■

정리 1.

p가 소수일 때, 정수를 계수로 가지는 d차 다항식

$$f(x) = a_d x^d + \cdots + a_1 x + a_0, \quad a_d \not\equiv 0 \pmod{p}$$

에 대하여 합동식 $f(x) \equiv 0 \pmod{p}$는 $\mathbb{Z}_p$에서 d개 이하의 해를 갖는다.

증명 d에 관하여 수학적 귀납법으로 증명한다. $d=0$일 때, $f(x) = a_0$로서 $p \nmid a_0$이므로 $f(x) \equiv 0 \pmod{p}$는 $\mathbb{Z}_p$에서 해를 갖지 않는다. $d \geqq 1$일 때, $(d-1)$차 다항식은 $\mathbb{Z}_p$에서 $(d-1)$개 이하의 해를 갖는다고 가정하자.

$f(x) \equiv 0 \pmod{p}$가 $\mathbb{Z}_p$에서 해를 갖지 않는다면 증명할 것이 없다. $f(x) \equiv 0 \pmod{p}$가 $\mathbb{Z}_p$에서 해 a를 갖는다면, 즉 $f(a) \equiv 0 \pmod{p}$

보조정리 1에 의하여,

$$f(x) \equiv (x-a)g(x) \pmod p$$

인 정수를 계수로 가지는 다항식 $g(x)$가 존재한다.
만약 $f(x) \equiv 0 \pmod p$가 $\mathbb{Z}_p$에서 임의의 해 b를 갖는다면,

$$0 \equiv f(b) \equiv (b-a)g(b) \pmod p$$

이고 p가 소수이므로 p는 $b-a$를 나누거나 $g(b)$를 나눈다. 즉

$$b \equiv a \pmod p \text{이거나 } g(b) \equiv 0 \pmod p$$

귀납법 가정에 의하여 $g(x) \equiv 0 \pmod p$는 $\mathbb{Z}_p$에서 $(d-1)$개 이하의 해를 가지므로 $f(x) \equiv 0 \pmod p$는 $\mathbb{Z}_p$에서 $1+(d-1)=d$개 이하의 해를 갖는다. ■

참고로, 정리 1에서 합동식 $f(x) \equiv 0 \pmod p$는 $\mathbb{Z}_p$에서 d개 미만의 해를 가질 수 있다. 예를 들어, $f(x)=x^2+1$은 $\mathbb{Z}_2$에서 단 하나의 해를 갖고, $\mathbb{Z}_3$에서 해를 갖지 않는다.

또한 정리 1에서 소수(prime) 조건이 빠지면 정리가 성립하지 않는다. 예를 들어, $f(x)=x^2-1$은 $d=2$인데, $\mathbb{Z}_8$에서 4개의 해 1, 3, 5, 7을 갖는다.

정리 1의 대우로서 다음 따름정리는 유용하다.

따름정리 1.

p가 소수일 때, 정수를 계수로 가지는 다항식

$$f(x) = a_d x^d + \cdots + a_1 x + a_0$$

가 $\mathbb{Z}_p$에서 d개 보다 많은 해를 가지면, p는 각각의 계수 a_i를 나눈다.

다음은 p가 소수일 때 $\mathbb{Z}_p$에서 높은 차수의 다항식을 다룰 때 유용한 정리로서 유명한 페르마 정리(Fermat's Little Theorem)이다.

정리 2.

p가 소수이고 $a \not\equiv 0 \pmod p$일 때,

$$a^{p-1} \equiv 1 \pmod p$$

증명 1 a에 관한 수학적 귀납법으로 증명하자.

$a=1$일 때 $p \mid 1^p-1$이므로 성립한다. a에 대하여 성립한다고 가정하자. 즉

$$p \mid a^p - a \text{ 이제 } p \mid (a+1)^p - (a+1)$$

을 보이면 된다.

$$(a+1)^p - (a+1) = a^p + \sum_{i=1}^{p-1}\binom{p}{i}a^{p-i} + 1 - (a+1) = a^p - a + \sum_{i=1}^{p-1}\binom{p}{i}a^{p-i}$$

그런데 $p \mid \binom{p}{i}(1 \le i \le p-1)$이고 가정에 의해 $p \mid a^p - a$이므로 증명 끝.

증명 2 $\{1, 2, \cdots, p-1\}$은 법 p에 관한 완전잉여계에서 0과 합동인 것을 뺀 것이다. $a \not\equiv 0 \pmod p$인 a에 대하여 $xa \equiv ya \pmod p$이면 $x \equiv y \pmod p$이고, $\{a, 2a, \cdots, (p-1)a\}$의 모든 원소가 p로 나누어지지 않으므로 $\{a, 2a, \cdots, (p-1)a\}$은 법 p에 관한 완전잉여계에서 0과 합동인 것을 뺀 것이다. 따라서 $\{a, 2a, \cdots, (p-1)a\}$은 $\{1, 2, \cdots, p-1\}$과 어떤 순서로 법 p에 관하여 합동이다. 그러므로

$$1 \times 2 \times \cdots \times (p-1) \equiv a \times 2a \times \cdots \times (p-1)a \pmod p$$

즉,

$$(p-1)! \equiv (p-1)!a^{p-1} \pmod p$$

$((p-1)!, p) = 1$이므로 양변에서 $(p-1)!$을 소거하면 다음을 얻는다.

$$a^{p-1} \equiv 1 \pmod p$$

증명 3 a가지 색의 진주가 충분히 있고 진주 p개의 목걸이를 만들려고 한다. 진주 p개를 연결한 줄의 수는 a^p이고 그 중에 p개 모두 같은 색인 것을 제외하면 $a^p - a$이제 진주 p개를 연결한 각 줄의 끝을 연결하여 목걸이를 만들면 원순열이 같은 p개의 줄은 동일한 목걸이가 된다. 따라서 서로 다른 목걸이의 개수는 $(a^p - a)/p$ 이고 이 수가 정수이므로 $p \mid a^p - a$즉 $a^p \equiv a \pmod p$ ■

정리 2는 $\mathbb{Z}_p$에서 0을 제외한 모든 원소가 다항식 $x^{p-1}-1$의 근임을 말한다. 따라서 $\mathbb{Z}_p$의 모든 원소가 다항식 $x^p - x$의 근이다. 즉

$$x^p - x \equiv x(x-1)(x-2)\cdots(x-p) \pmod p$$

따름정리 2.

p가 소수이면, 모든 정수 a에 대하여 $a^p \equiv a \pmod p$

증명 $a \not\equiv 0 \pmod p$이면 정리 2에 의해 $a^{p-1} \equiv 1 \pmod p$이고 $a^p \equiv a \pmod p$
$a \equiv 0 \pmod p$이면 $a^p \equiv 0 \equiv a \pmod p$ ■

예제 4-1-1

모든 정수 a에 대하여 $a^{25}-a$가 30으로 나누어짐을 증명하라.

풀이 $30 = 2 \cdot 3 \cdot 5$이므로 $a^{25}-a$가 $p=2, 3, 5$로 나누어짐을 증명하면 된다.

먼저 $p=5$에 대하여 페르마의 정리를 이용하면

$a^{25} = (a^5)^5 \equiv a^5 \equiv a \pmod 5$

즉 $a^{25}-a$가 5로 나누어진다.

페르마의 정리에 의하여 $a^3 \equiv a \pmod 3$이므로

$a^{25} = (a^3)^8 a \equiv a^8 a = a^9 = (a^3)^3 \equiv a^3 \equiv a \pmod 3$

$p=2$에 대하여 페르마의 정리를 이용하면 $a^2 \equiv a \pmod 2$이므로

$a^{25} = (a^2)^{12} a \equiv a^{12} a = (a^2)^6 a \equiv a^6 a = (a^3)^2 a \equiv a^3 a = a^4 \equiv a^2 \equiv a \pmod 2$

따라서

$a^{25} \equiv a \pmod{30}$

다음은 정리 2의 응용으로서 윌슨 정리(Wilson's Theorem)라 불리우며, 1770년 Lagrange가 증명하였다.

따름정리 3.

정수 n이 소수일 필요충분조건은 $(n-1)! \equiv -1 \pmod{n}$

증명 n을 소수 p라고 가정하자. $p=2$이면 $(p-1)!=1 \equiv -1 \pmod{p}$ $p \geq 3$에 대하여 다음의 정수를 계수로 가지는 다항식을 정의하자.

$$f(x)=(1-x)(2-x)\cdots(p-1-x)+1-x^{p-1}$$

이 다항식을 전개할 때, x^{p-1}이 소거되므로 다항식의 차수 d는 $p-1$보다 작다. $a=1, 2, \cdots, p-1$에 대하여

$$(1-a)(2-a)\cdots(p-1-a)=0$$

이고

$$1-a^{p-1} \equiv 0 \pmod{p} \ (\because \text{ 정리 2})$$

이므로 $f(a) \equiv 0 \pmod{p}$이다.

따라서 $f(x)$가 $\mathbb{Z}_p$에서 d개 보다 많은 해를 가지므로, 따름정리 1에 의하여 $f(x)$의 모든 계수가 p로 나누어진다. 특별히 상수항 $(p-1)!+1$이 p로 나누어진다. 즉,

$$(p-1)! \equiv -1 \pmod{p}$$

역으로, $(n-1)! \equiv -1 \pmod{n}$이라 가정하자. 그러면 n의 약수 m에 대하여도 $(n-1)! \equiv -1 \pmod{m}$이 성립한다. 만약 $m < n$이면 m이 $(n-1)!$을 나누므로 $0 \equiv -1 \pmod{m}$이고 $m=1$이다. 따라서 n은 소수이다. ■

정리 3.

p가 홀수인 소수일 때, 합동식 $x^2+1 \equiv 0 \pmod{p}$가 해를 갖기 위한 필요충분조건은 $p \equiv 1 \pmod{4}$임을 보여라.

증명 $k=\dfrac{p-1}{2}$라고 놓으면,

$$(p-1)!=1\times 2\times\cdots\times k\times(k+1)\times\cdots(p-2)\times(p-1)$$

에서

$$p-1\equiv -1,\ p-2\equiv -2,\ \cdots,\ k+1=p-k\equiv -k \pmod p$$

이므로

$$(p-1)!\equiv(-1)^k(k!)^2 \pmod p.$$

윌슨 정리에 의해 $(p-1)!\equiv -1 \pmod p$이므로

$$-1\equiv(-1)^k(k!)^2 \pmod p$$

즉, $(k!)^2\equiv(-1)^{k+1} \pmod p$이다.
만약 $p\equiv 1 \pmod 4$이면 k가 짝수이고 $(k!)^2\equiv -1 \pmod p$이므로 $x=k!$은 $x^2+1\equiv 0 \pmod p$의 해가 된다.
역으로 $p\equiv 3 \pmod 4$라고 가정하자. 그러면 $k=(p-1)/2$는 홀수이다.
만약 x가 $x^2+1\equiv 0 \pmod p$의 해라면 $(x,p)=1$이고 페르마 정리에 의해 $x^{p-1}\equiv 1 \pmod p$이다. 따라서

$$1\equiv(x^2)^k\equiv(-1)^k\equiv -1 \pmod p$$

이고 이는 p가 홀수인 소수라는 사실에 모순이다. 그러므로 $x^2+1\equiv 0 \pmod p$의 해가 존재하지 않는다. ■

참고로, 정리 1에 의하여 합동식 $x^2+1\equiv 0 \pmod p$는 많아야 두 개의 해를 갖는다. $p\equiv 1 \pmod 4$일 때, 두 개의 해 $x=\pm k!$ 을 갖고, $p\equiv 3 \pmod 4$일 때, 해를 갖지 않으며, $p=2$일 때, 단 하나의 해를 갖는다.

따름정리 2에 의하면 p가 소수일 때, 모든 정수 a에 대하여 $a^p\equiv a \pmod p$이다.
따라서 정수 $n\geq 2$에 대하여 $b^n\not\equiv b \pmod n$인 정수 b가 존재한다면 n은 합성수이다.

한편, 예를 들어, 양의 정수 n에 대하여 $2^n \equiv 2 \pmod{n}$이 성립한다고 하더라도 n은 소수가 아닐 수 있다.

합성수 n이 양의 정수 b에 대하여

$$b^n \equiv b \pmod{n}$$

일 때, n을 밑수 b에 대한 유사 소수(pseudoprime to the base b)라고 한다.

예제 4-1-2

341이 밑수 2에 대한 유사 소수임을 보여라.

풀이 $2^{341} \equiv (2^{10})^{34} \cdot 2 \equiv 1^{34} \cdot 2 \equiv 2 \pmod{11}$

$2^{341} \equiv (2^5)^{68} \cdot 2 \equiv 1^{68} \cdot 2 \equiv 2 \pmod{31}$

이므로

$2^{341} \equiv 2 \pmod{341}$

이지만 $341 = 11 \times 31$은 소수가 아니다.

정리 4.

밑수 2에 대한 유사 소수는 무한히 많다.

증명 n이 밑수 2에 대한 유사 소수일 때 $2^n - 1$도 밑수 2에 대한 유사 소수임을 증명하면 된다. 왜냐하면 $2^n - 1 > n$이므로 $n = 341$로부터 시작하여 무한히 많은 유사 소수를 만들 수 있다.

n이 유사 소수이면 n은 합성수이고, 2.2절의 정리 1에 의해 $2^n - 1$도 합성수이다. 가정에 의하여 $2^n \equiv 2 \pmod{n}$이므로 적당한 양의 정수 k에 대하여 $2^n - 2 = nk$이다. 항등식

$$x^k - 1 = (x-1)(x^{k-1} + x^{k-2} + \cdots + x + 1)$$

에서 $x = 2^n$이라 놓으면 $(2^n - 1) \mid ((2^n)^k - 1)$ 즉 $2^{nk} \equiv 1 \pmod{2^n - 1}$이다. 따라서

$$2^{2^n - 1} = 2^{nk+1} = 2^{nk} \cdot 2 \equiv 2 \pmod{2^n - 1} \qquad \blacksquare$$

양의 정수 n이 $(b, n) = 1$인 모든 양의 정수 b에 대하여

$$b^{n-1} \equiv 1 \pmod{n}$$

이더라도 n은 소수가 아닐 수 있다.

예를 들어, $(b, 561) = 1$인 양의 정수 b에 대하여

$$(b, 3) = 1,\ (b, 11) = 1,\ (b, 17) = 1$$

이므로 정리 2에 의하여 다음이 성립한다.

$$b^2 \equiv 1 \pmod{3},\ b^{10} \equiv 1 \pmod{11},\ b^{16} \equiv 1 \pmod{17}$$

따라서

$$b^{560} = (b^2)^{280} \equiv 1^{280} = 1 \pmod{3},$$

$$b^{560} = (b^{10})^{56} \equiv 1^{56} = 1 \pmod{11},$$

$$b^{560} = (b^{16})^{35} \equiv 1^{35} = 1 \pmod{17}$$

이므로 $b^{560} \equiv 1 \pmod{561}$이다.

그러나 $561 = 3 \cdot 11 \cdot 17$이므로 소수가 아니다. 따라서 561은 정리 2의 역이 성립하지 않는 예이다.

합성수 n이 $(b, n) = 1$인 모든 양의 정수 b에 대하여

$$b^{n-1} \equiv 1 \pmod{n}$$

일 때 n을 카마이클 수(Carmichael number)라고 한다.

정의에 의해, n이 카마이클 수이면 n은 $(b, n) = 1$인 모든 밑수 b에 대한 유사 소수이다. 예를 들어, 561은 가장 작은 카마이클 수이다.

연습문제(4.1)

1. 3^{91}을 23으로 나눈 나머지를 구하라.

2. p가 홀수인 소수이고 $r = 1 + \frac{1}{2} + \frac{1}{3} + \cdots + \frac{1}{p-1}$일 때,
   (1) 유리수 r의 분자가 p로 나누어짐을 증명하라.
   (2) 만약 $p > 3$이면 유리수 r의 분자가 p^2로 나누어짐을 증명하라.
   (이를 Wolstenholme's Theorem이라 부른다.)

3. 561과 645는 밑수 2에 대한 유사 소수임을 증명하라.

4. 서로 다른 소수 $p_1, p_2, \cdots, p_k$와 합성수 $n = p_1 p_2 \cdots p_k$에 대하여

$$(p_i - 1) \mid (n-1) \qquad (i = 1, 2, \cdots, k)$$

   이면, n은 카마이클 수임을 증명하라.

5. p가 홀수인 소수일 때,

$$1^2 \cdot 3^2 \cdot \cdots \cdot (p-4)^2 \cdot (p-2)^2 \equiv (-1)^{\frac{p+1}{2}} \pmod{p}$$

   을 증명하라.

6. 임의의 정수 a에 대하여 $a^7 - a$는 42의 배수임을 증명하라.

7. $n = 2701$일 때, 합동식 $2^{n-1} \equiv 1 \pmod{n}$을 만족함을 증명하라.

8. 임의의 양의 정수 n에 대하여, $1^n + 2^n + 3^n + 4^n$이 5의 배수일 필요충분조건이 n이 4로 나누어지지 않는 것임을 증명하라.

9. $30 \mid n^5 - n$을 보이고, 어떤 n에 대하여 $120 \mid n^5 - n$인가?

보충문제(4.1)

1. 소수 $p \geq 5$일 때, $6(p-4)! \equiv 1 \pmod{p}$임을 증명하라.

2. 합성수 $n \geq 6$일 때, $(n-1)! \equiv 0 \pmod{n}$임을 증명하라.

3. p가 홀수인 소수일 때,

$$2^2 \cdot 4^2 \cdot \cdots \cdot (p-3)^2 \cdot (p-1)^2 \equiv (-1)^{\frac{p+1}{2}} \pmod{p}$$

을 증명하라.

4. p가 소수이고 $1 \leq r \leq p-1$인 정수 r에 대하여

$$(p-r)!(r-1)! \equiv (-1)^r \pmod{p}$$

임을 증명하라.

5. 소수 p, $p \nmid a$이고 p가 $a^n - 1$을 나누는 최소의 양의 정수 n에 대하여 $n \mid (p-1)$임을 증명하라.

6. $S_k = 1^k + 2^k + \cdots + (p-1)^k$이고 p가 홀수인 소수로서 $(p-1) \mid k$일 때, $S_k \equiv -1 \pmod{p}$임을 증명하라.

7. p가 소수이고 $a^p + b^p = c^p$일 때, $a+b-c$가 p의 배수임을 증명하라.

8. $n \mid (2^n - 1)$일 때 $n = 1$임을 증명하라.

9. 소수 $p > 5$에 대해 $(p-1)!+1$은 소수의 거듭제곱이 될 수 없음을 증명하라.

10. $2^{n-1} \equiv 1 \pmod{n}$이고 $N = 2^n - 1$일 때 $2^{N-1} \equiv 1 \pmod{n}$을 증명하라.

11. 임의의 정수 n에 대하여 $n^7 - n$은 42의 배수임을 증명하라.

12. p, q는 서로 다른 홀수인 소수이고 $(p-1) | (q-1)$, $(a, pq) = 1$일 때, $a^{q-1} \equiv 1 \pmod{pq}$임을 증명하라.

13. 서로 다른 소수 p, q에 대하여 $p^{q-1} + q^{p-1} \equiv 1 \pmod{pq}$를 증명하라.

14. 다음을 37로 나눌 때 나머지를 구하라.
(1) 2^{52}
(2) 2^{70}

15. $5555^{2222} + 2222^{5555}$을 7로 나눈 나머지를 구하라.

16. 음이 아닌 정수 n에 대해, $3^{6n} - 2^{6n}$을 35로 나눈 나머지를 구하라.

17. n이 정수일 때, $\frac{n^5}{5} + \frac{n^3}{3} + \frac{7n}{15}$도 정수임을 증명하라.

18. $m > 4$이 합성수일 때, $(m-1)! \equiv 0 \pmod{m}$을 증명하라.

19. n이 합성수일 때, $(n-1)!+1$은 n의 거듭제곱이 아님을 증명하라.

20. p가 소수이고 a가 임의의 정수일 때, $p | a^p + (p-1)!a$를 증명하라.

21. $n(n+1) | (n-1)!$을 만족하는 모든 자연수 n을 구하라.

22. p가 소수이고 $(p, ab)=1$일 때, 다음을 증명하라.

(1) $a^p \equiv b^p \pmod{p}$이면 $a \equiv b \pmod{p}$.

(2) $a^p \equiv b^p \pmod{p}$이면 $a^p \equiv b^p \pmod{p^2}$.

23. $p>2$가 소수이고, $0 \le k < p-1$일 때, $k!(p-k-1)! \equiv (-1)^{k+1} \pmod{p}$가 성립함을 증명하라. 이를 이용하여 $\binom{p-1}{k} \equiv (-1)^k \pmod{p}$를 증명하라.

24. p가 $n<p<2n$인 소수일 때 다음을 증명하라.

(1) $\binom{2n}{n} \equiv 0 \pmod{p}$

(2) $\binom{2n}{n} \not\equiv 0 \pmod{p^2}$

25. p가 소수일 때 다음을 증명하라.

(1) $(p-1)! \equiv p-1 \pmod{1+2+\cdots+(p-1)}$

(2) $p \mid ((p-2)!-1)$

(3) $p>5$일 때, $(p-2)!-1$은 p의 거듭제곱이 아니다.

26. $p>2$가 소수일 때 다음을 증명하라.

(1) $1^{p-1}+2^{p-1}+\cdots+(p-1)^{p-1} \equiv -1 \pmod{p}$

(2) $1^p+2^p+\cdots+(p-1)^p \equiv 0 \pmod{p}$

27. p, q가 서로 다른 소수이고, a는 임의의 정수일 때, $pq \mid a^{pq}-a^p-a^q+a$을 증명하라.

28. 다음을 증명하라.

(1) $43 \mid 2(40!)+1$

(2) $437 \mid 18!+1$

29. 정수 $a_1, a_2, \cdots, a_{1995}$가

$$a_1 + a_2 + \cdots + a_{1995} = 1994^{1996}$$

을 만족할 때, 다음 수의 십진법 표현에서 일의 자리 숫자는 무엇인가?

$$a_1^5 + a_2^5 + \cdots + a_{1995}^5$$

30. 임의의 양의 정수 n에 대하여, $1^n + 2^n + 3^n + 4^n + 5^n + 6^n$이 7의 배수일 필요충분조건이 n이 6으로 나누어지지 않는 것임을 증명하라.

31. $n = \dfrac{4^p - 1}{3}$이고 p는 3보다 큰 소수일 때, 2^{n-1}을 n으로 나눈 나머지가 1임을 증명하라.

32. $\dfrac{15x^{23} - 6}{97}$이 정수가 되는 최소의 자연수 x를 구하라.

4.2 오일러 정리(Euler's Theorem)

$m \geq 2$일 때, $a \in \mathbb{Z}_m = \{0, 1, 2, \cdots, m-1\}$에 대하여 $ab \equiv 1 \pmod{m}$인 $b \in \mathbb{Z}_m$가 존재하는 경우에 a를 $\mathbb{Z}_m$의 단원(unit)이라 하고, b를 a의 곱셈에 대한 역원(multiplicative inverse)이라 한다.

보조정리 1.

a가 $\mathbb{Z}_m$의 단원이기 위한 필요충분조건은 $\gcd(a, m) = 1$이다.

증명 **a가 $\mathbb{Z}_m$의 단원이면, $ab = 1 + km$인 정수 b, k가 존재한다. 그러면 $\gcd(a, m) = 1$이다.**
역으로 $\gcd(a, m) = 1$이면, $1 = au + mv$인 정수 u, v가 존재한다. 즉 $au \equiv 1 \pmod{m}$이므로 u가 a의 곱셈에 대한 역원이다. ■

양의 정수 m에 대하여, $\mathbb{Z}_m$중에서 m과 서로 소인 정수 전체의 집합을 $\mathbb{Z}_m^*$로 표시하고, $\mathbb{Z}_m$에 있는 단원 전체의 집합을 U_m으로 표시하자. 보조정리 1에 의하여,

$$\mathbb{Z}_m^* = U_m$$

양의 정수 m에 대하여, $\mathbb{Z}_m$중에서 m과 서로 소인 정수의 개수 혹은 $\mathbb{Z}_m$에 있는 단원의 개수를 $\phi(m)$으로 표시하고 이 ϕ를 오일러 **ϕ**함수(Euler ϕ-function)라고 한다. 즉

$$\phi(m) = |\mathbb{Z}_m^*| = |U_m|$$

다음은 $1 \leq m \leq 10$ 일 때의 $\phi(m)$의 값을 보여주고 있다.

m	1	2	3	4	5	6	7	8	9	10
$\phi(m)$	1	1	2	2	4	2	6	4	6	4

법 m에 관한 잉여류 $\bar{a} \in \overline{\mathbb{Z}}_m$에 대하여 $(a, m)=1$일 때, $\bar{a}$를 법 m에 관한 기약잉여류(reduced residue class)라고 한다. 또한 법 m에 관한 기약잉여류 전체의 집합을 $\overline{\mathbb{Z}}_m^*$로 나타낸다. 물론

$$|\overline{\mathbb{Z}}_m^*| = \rho(m)$$

이제 법 m에 관한 $\phi(m)$개의 기약잉여류에서 각각 한 개의 정수를 택하여 만든 집합

$$R = \{r_1, r_2, \cdots, r_{\phi(m)}\}, \quad |R| = \phi(m)$$

을 법 m에 관한 기약잉여계(reduced residue system modulo m)라고 한다.

예를 들어, $\mathbb{Z}_m^*$는 법 m에 관한 기약잉여계이다. 특히 p가 홀수인 소수일 때, 다음 집합은 법 p에 관한 기약잉여계이다.

$$\mathbb{Z}_p^* = \{1, 2, \cdots, p-1\}, \quad R = \left\{-\frac{p-1}{2}, \cdots, -1, 1, \cdots, \frac{p-1}{2}\right\}$$

보조정리 2.

집합 $R = \{r_1, r_2, \cdots, r_{\phi(m)}\}$가 법 m에 관한 기약잉여계일 때, $(a, m)=1$인 정수 a에 대하여 $aR = \{ar_1, ar_2, \cdots, ar_{\phi(m)}\}$는 법 m에 관한 기약잉여계이다.

증명 $ar_i \equiv ar_j \pmod{m}$이면 $r_i \equiv r_j \pmod{m}$이고 $r_i = r_j$이다. 따라서

$$r_i \neq r_j \quad \Rightarrow \quad ar_i \not\equiv ar_j \pmod{m}$$

이고 $|aR| = \phi(m)$이다. 또한 $(a, m)=1$이고 각 $r_i \in R$에 대해서 $(r_i, m)=1$이므로 $(ar_i, m)=1$이다. 따라서 aR는 법 m에 관한 기약잉여계이다. ■

예를 들어, $\mathbb{Z}_8^* = 1, 3, 5, 7$은 법 8에 관한 기약잉여계이므로 보조정리 2에 의하여 집합 $3R = 3, 9, 15, 21$도 법 8에 관한 기약잉여계이다.

1760년 오일러(Euler)는 다음의 오일러 정리(Euler's Theorem)를 증명하였다.

정리 1.

양의 정수 m과 $(a, m)=1$인 정수 a에 대하여

$$a^{\phi(m)} \equiv 1 \pmod{m}$$

이다.

증명 집합 $R=\{\mathrm{r}_1, \mathrm{r}_2, \cdots, \mathrm{r}_{\phi(\mathrm{m})}\}$가 법 m에 관한 기약잉여계일 때, 보조정리 2에 의해 집합 $aR=\{\mathrm{ar}_1, \mathrm{ar}_2, \cdots, \mathrm{ar}_{\phi(\mathrm{m})}\}$도 법 m에 관한 기약잉여계이다. 따라서 aR의 각 원소는 R의 단 하나의 원소와 법 m에 관하여 합동이므로 다음 합동식이 성립한다.

$$ar_1 \cdot ar_2 \cdot \cdots \cdot ar_{\phi(m)} \equiv r_1 r_2 \cdots r_{\phi(m)} \pmod{m}$$

즉, $a^{\phi(m)} r_1 r_2 \cdots r_{\phi(m)} \equiv r_1 r_2 \cdots r_{\phi(m)} \pmod{m}$

그런데 각 $r_i \in R$에 대하여 $(r_i, m)=1$이므로 $(r_1 r_2 \cdots r_{\phi(m)}, m)=1$이다. 따라서

$$a^{\phi(m)} \equiv 1 \pmod{m}\text{이다.}$$ ■

참고로, 정리 1은 4.1절의 정리 2(페르마 정리)의 일반형인데, 왜냐하면 p가 소수일 때 $\phi(p)=p-1$이기 때문이다.

보조정리 3.

p가 소수일 때, 다음이 성립한다.

$$\phi(p^k)=p^k-p^{k-1}=p^{k-1}(p-1) \quad (k \geq 1)$$

증명 정수 a에 대하여 $(a, p^k)=1 \;\Leftrightarrow\; (a, p)=1$이다. 한편 $1, 2, \cdots, p^k$중에서 p의 배수인 정수는 $1 \cdot p, 2 \cdot p, \cdots, p^{k-1} \cdot p$의 p^{k-1}개이다. 따라서 $1, 2, \cdots, p^k$ 중에서 p와 서로소인 정수의 개수는 p^k-p^{k-1}이다. ■

정리 2.

$(m, n) = 1$이면 $\phi(mn) = \phi(m)\phi(n)$이다.

증명 $\phi(1) = 1$이므로 $m, n \geq 2$라고 가정해도 된다. mn개의 정수 $1, 2, \cdots, mn$을 n개의 행과 m개의 열로 다음과 같이 배열하자.

$$\begin{matrix} 1 & 2 & 3 & \cdots & m \\ m+1 & m+2 & m+3 & \cdots & 2m \\ \vdots & \vdots & \vdots & & \vdots \\ (n-1)m+1 & (n-1)m+2 & (n-1)m+3 & \cdots & nm \end{matrix}$$

참고로, $\phi(mn) = |\{a \in \mathbb{Z}_{mn} \mid (a, m) = 1 = (a, n)\}|$

주어진 열에 있는 모든 원소는 법 m에 관하여 합동이다. 따라서 $\phi(m)$개의 열에 있는 원소들만이 m과 서로소이다. 그리고 m과 서로소인 원소들로 이루어진 각 열은 적당한 정수 k에 대하여

$$k,\ m+k,\ 2m+k,\ \cdots,\ (n-1)m+k$$

의 형태이다. 3.1절의 연습문제 5에 의하여, 이 집합은 법 m에 관한 완전잉여계이다. 따라서 이 집합은 $\{0, 1, 2, \cdots, n-1\}$과 같이 n과 서로소인 원소를 $\phi(n)$개 갖는다. 즉 $\phi(m)$개의 이러한 열은 m, n과 서로소인 $\phi(m)\phi(n)$개의 정수를 갖는다. 따라서 $\phi(mn) = \phi(m)\phi(n)$이다. ■

참고로, $(m, n) > 1$이면 정리 2는 성립하지 않는다. 예를 들어,

$$1 = \phi(2)^2 \neq \phi(4) = 2$$

따름정리 1.

정수 $m \geq 2$의 표준분해가 $m = p_1^{e_1} p_2^{e_2} \cdots p_k^{e_k}$일 때,

$$\phi(m) = \prod_{i=1}^{k} (p_i^{e_i} - p_i^{e_i - 1}) = m \prod_{i=1}^{k} \left(1 - \frac{1}{p_i}\right)$$

증명 k에 관한 수학적 귀납법으로 증명하자. $k=1$일 때, 보조정리 3에 의해 성립한다. $k>1$에 대해서, 서로 다른 소인수의 개수가 k미만일 때 성립한다고 가정하자. $m=p_1^{e_1}p_2^{e_2}\cdots p_{k-1}^{e_{k-1}}\cdot p_k^{e_k}$이고 $(p_1^{e_1}p_2^{e_2}\cdots p_{k-1}^{e_{k-1}}, p_k^{e_k})=1$이므로 정리 2에 의해

$$\phi(m)=\phi(p_1^{e_1}p_2^{e_2}\cdots p_{k-1}^{e_{k-1}})\phi(p_k^{e_k})$$

귀납법 가정에 의해

$$\phi(p_1^{e_1}p_2^{e_2}\cdots p_{k-1}^{e_{k-1}})=\prod_{i=1}^{k-1}(p_i^{e_i}-p_i^{e_{i-1}})$$

이고, 보조정리 3에 의해

$$\phi(p^k)=p^k-p^{k-1}$$

이므로

$$\phi(m)=\prod_{i=1}^{k}(p_i^{e_i}-p_i^{e_{i-1}})$$ ■

예제 4-2-1

양의 정수 m에 대하여, $m=2\phi(m)$일 필요충분조건은 $m=2^k(k\geq 1)$임을 증명하라.

풀이 $m=2^k(k\geq 1)$이면 $2\phi(m)=2\cdot 2^{k-1}=m$이다.

역으로, $m=2\phi(m)$이면 m은 2의 거듭제곱임을 보이면 된다. 실제로 m은 $m=2^ka$ ($k\geq 1$, a는 홀수)의 꼴로 나타내어지고 이때

$\phi(m)=\phi(2^k)\phi(a)=2^{k-1}\phi(a)$

이므로 조건에 따라 $2^ka=m=2\phi(m)=2^k\phi(a)$ 즉 $\phi(a)=a$이다.

따라서 $a=1$이므로 $m=2^k$이다.

정리 3.

모든 양의 정수 m에 대하여 다음 등식이 성립한다.

$$\sum_{d|m} \phi(d) = m$$

증명 $S = \{1, 2, \cdots, \mathrm{m}\}$라 놓고, m의 약수 d에 대하여

$$S_d = \{\mathrm{a} \in \mathrm{S} \mid \gcd(a, m) = \frac{m}{d}\}$$

라 놓자. 그러면 집합 $\{\mathrm{S_d} : \mathrm{d|m}\}$는 S의 분할이다. 따라서

$$\sum_{d|m} |S_d| = |S| = m$$

이므로 각각의 d에 대하여 $|S_d| = \phi(d)$를 보이면 된다. 이제

$$a \in S_d \Leftrightarrow a \in \mathbb{Z},\ 1 \le a \le m,\ \gcd(a, m) = \frac{m}{d}$$

만약 $a' = \dfrac{ad}{m}$으로 놓으면 $\dfrac{m}{d} = \gcd(a, m)$이 a를 나누므로 a'은 정수이다. 따라서 위의 필요충분조건을 다시 쓰면

$$a \in S_d \Leftrightarrow a = \frac{n}{d}a',\ a' \in \mathbb{Z},\ 1 \le a' \le d,\ \gcd(a', d) = 1$$

그러므로, $|S_d|$는 $1, \cdots, d$에서 d와 서로 소인 정수 a'의 개수, 즉 $\phi(d)$이다. 따라서 $|S_d| = \phi(d)$ ■

예를 들어, $m = 10$일 때 그 약수는 $d = 1, 2, 5, 10$이다. 그러면

$$S_1 = \{10\},\ S_2 = \{5\},\ S_5 = \{2, 4, 6, 8\},\ S_{10} = \{1, 3, 7, 9\}.$$

예제 4-2-2

3^{50}을 17로 나눌 때의 나머지를 구하여라.

풀이 $(3, 17)=1$이고 $\phi(17)=16$이므로 오일러 정리에 의해

$3^{16} \equiv 1 \pmod{17}$

따라서 $3^{50}=(3^{16})^3 \cdot 3^2 \equiv 3^2=9 \pmod{17}$

그러므로 3^{50}을 17로 나눌 때의 나머지는 9

예제 4-2-3

7^{9999}의 마지막 세 자릿수를 구하여라.

풀이 $x \equiv 7^{9999} \pmod{1000}$을 구해야 한다. 그러면

$7x \equiv 7^{10000} \pmod{1000}$

그런데 $\phi(1000)=\phi(2^3 5^3)=(2^3-2^2)(5^3-5^2)=4 \cdot 100=400$이므로

$7^{400} \equiv 1 \pmod{1000}$

$10000=25 \cdot 400$이므로 $7x \equiv 1 \pmod{1000}$

$7 \pmod{1000}$의 역수를 구하기 위해 $7x+1000y=1$의 해를 구하는데

$1001=7 \cdot 11 \cdot 13=7 \cdot 143$에서 $143 \cdot 7 \equiv 1 \pmod{1000}$

따라서 $x=143$

예제 4-2-4

양의 정수 m에 대하여, $m=2\phi(m)$일 필요충분조건은 $m=2^k\,(k \geq 1)$임을 증명하라.

풀이 $m=2^k\,(k \geq 1)$이면 $2\phi(m)=2 \cdot 2^{k-1}=m$이다.

역으로, $m=2\phi(m)$이면 m은 2의 거듭제곱임을 보이면 된다. 실제로 m은

$m = 2^k a$ ($k \geq 1$, a는 홀수)

의 꼴로 나타내어지고 이때

$\phi(m) = \phi(2^k)\phi(a) = 2^{k-1}\phi(a)$

이므로 조건에 따라 $2^k a = m = 2\phi(m) = 2^k \phi(a)$ 즉 $\phi(a) = a$이다. 따라서 $a = 1$이므로 $m = 2^k$이다.

예제 4-2-5

정수 2006^{2006}을 100으로 나눈 나머지를 구하여라.

풀이 $100 = 2^2 \cdot 5^2$이고 $2006^{2006} \equiv 0 \pmod{2^2}$ $(2006, 5^2) = 1$이고 $\phi(5^2) = 20$이므로 오일러 정리에 의해 $2006^{20} \equiv 1 \pmod{5^2}$

따라서 $2006^{2006} = (2006^{20})^{100} \cdot 2006^6 \equiv 6^6 \equiv 31 \pmod{5^2}$

중국인의 나머지 정리에 의해 구하는 답은 56

예제 4-2-6

주어진 양의 정수 m에 대하여, m^{1003}은 77로 나눈 나머지가 19라고 한다. 정수 m을 77로 나눈 나머지를 구하여라.

풀이 $(19, 77) = 1$이므로 $(m, 77) = 1$ 그리고 $\phi(77) = \phi(7)\phi(11) = 60$ 오일러 정리에 의해

$m^{1003} = (m^{60})^{16} \cdot m^{43} \equiv m^{43} \pmod{77}$

$43 \times 7 \equiv 1 \pmod{60}$이므로

$m = m^{43 \times 7} \equiv 19^7 \equiv 68 \pmod{77}$

따라서 구하는 답은 68

연습문제(4.2)

1. $m \geq 3$일 때 $\phi(m)$은 짝수임을 증명하라.

2. 다음을 증명하라.
   $\phi(mn) \geq \phi(m)\phi(n)$이고, 등호는 $(m, n) = 1$일 때 성립한다.

3. 임의의 정수 m에 대하여 $\phi(n) = m$을 만족하는 정수 n이 유한 개만 존재함을 증명하라.

4. 다음을 증명하라.

$$d|m \quad \Rightarrow \quad \phi(d)|\phi(m)$$

5. 다음 등식을 증명하라.

$$\phi(m^2) = m\phi(m)$$

6. n이하이며 n과 서로 소인 자연수의 합이 $\dfrac{n\phi(n)}{2}$임을 증명하라.

7. $(m,n) = 1$일 때, $m^{\phi(n)} + n^{\phi(m)} \equiv 1 \pmod{mn}$을 증명하라.

8. 27^{1986}을 이진법으로 전개할 때, 마지막 8개의 자릿수를 구하여라.

보충문제(4.2)

1. 부등식 $\dfrac{\phi(n)}{n} < \dfrac{1}{4}$을 만족하는 최소의 양의 정수 n을 구하라.

2. 10과 서로 소인 양의 정수 a에 대하여, $a^{2001}-a$을 십진법으로 표현했을 때 일의 자리수, 십의 자리수, 백의 자리수를 구하라.

3. 어떤 정수 n에 대하여 $\phi(n) \equiv 2 \pmod 4$가 성립하는가?

4. $\phi(n)=16$인 모든 정수 n을 구하라.

5. 13^{10}의 일의 자리수는 얼마인가?

6. 정수 n에 대하여, $5n^3+7n^5$을 12로 나누었을 때의 나머지를 구하라.

7. 방정식 $x^4+y^4=1004$는 정수해가 존재하지 않음을 증명하라.

8. $\phi(n)=n-2$를 만족하는 모든 자연수 n을 구하라.

9. 어떤 정수의 100승을 125로 나눌 때 가능한 나머지를 모두 구하라.

10. 1, 11, 111, 1111, $\cdots$의 어떤 수도 나눌 수 없는 소수를 모두 구하라.

11. p가 소수이고 $n=3^p-1$일 때, $3^n \equiv 9 \pmod n$임을 증명하라.

12. 다음 두 조건을 만족하는 양의 순서쌍 (a, b)를 하나 구하라.

(1) $7 \nmid ab(a+b)$

(2) $7^7 \mid (a+b)^7 - a^7 - b^7$

13. $n > 1$이 합성수일 때, $\phi(n) \leq n - \sqrt{n}$이 성립함을 증명하라.

14. $n, k \in \mathbb{Z}$ $(n > 1, k \geq 1)$일 때, $\phi(n^k) = n^{k-1}\phi(n)$임을 증명하라.

15. (m, n)의 서로 다른 소인수들의 곱을 P라 할 때, 다음을 증명하라.

$$\frac{\phi(mn)}{\phi(m)\phi(n)} = \frac{P}{\phi(P)}$$

4.3 정수론적 함수(Arithmetic functions)

자연수 전체의 집합 N에서 정수 전체의 집합 $\mathbb{Z}$로의 함수 $f: \mathrm{N} \to \mathbb{Z}$를 정수론적 함수(arithmetic function)라고 한다.

앞에서 살펴본 정수론적 함수들은 다음과 같다.

$$\tau(n) = \sum_{d|n} 1$$

$$\sigma(n) = \sum_{d|n} d$$

$$\phi(n) = \sum_{\substack{1 \le a \le n \\ (a,n)=1}} 1$$

참고로, τ와 σ는 다음 정수론적 함수에서 $k=0$과 $k=1$인 경우이다.

$$\sigma_k(n) = \sum_{d|n} d^k$$

정수론적 함수 $f: \mathrm{N} \to \mathbb{Z}$가 다음 조건을 만족할 때 이 함수를 곱셈함수(multiplicative function)라고 한다.

$$(m, n) = 1 \Rightarrow f(mn) = f(m)f(n)$$

4.2절의 정리 2에서 ϕ는 곱셈함수이다. 이제 τ와 σ가 곱셈함수임을 증명하자. 먼저 다음 결과는 정수론적 함수가 곱셈함수임을 증명하는데 유용하게 쓰인다.

보조정리 1.

g가 곱셈함수이고, 모든 n에 대하여 $f(n) = \sum_{d|n} g(d)$일 때, f는 곱셈함수이다.

증명 $(m,n)=1$라고 가정하자. 그러면 mn의 약수 d는

$$d = ab,\ a = \gcd(m,\ d),\ b = \gcd(n,\ d)$$

로 표현된다. 따라서 $a|m,\ b|n$이다.

역으로 $a|m,\ b|n$에 대하여 $d = ab$는 mn의 약수이다.

그러므로 mn의 약수 d와 m,n의 약수 $a,\ b$사이에 일대일 대응이 존재한다.

$$\begin{aligned} f(mn) &= \sum_{d|mn} g(d) \\ &= \sum_{a|m, b|n} g(ab) \\ &= \sum_{a|m}\sum_{b|n} g(a)g(b) \end{aligned}$$

[$\because$ g가 곱셈함수이고, $(a,b)=1$이므로 $g(ab)=g(a)g(b)$]

$$\begin{aligned} &= [\sum_{a|m} g(a)][\sum_{b|n} g(b)] \\ &= f(m)f(n) \end{aligned}$$

■

두 개의 특별한 정수론적 함수 $u,\ i$를 다음과 같이 정의하자.

$$u(n) = 1, \quad i(n) = n$$

그러면 자명하게 $u,\ i$는 곱셈함수이다.

정리 1.

τ와 σ는 곱셈함수이다.

증명 $\tau(n) = \sum_{d|n} 1 = \sum_{d|n} u(d)$이고 $\sigma(n) = \sum_{d|n} d = \sum_{d|n} i(d)$이다. $u,\ i$는 곱셈함수이므로 보조정리 1에 의하여 τ와 σ는 곱셈함수이다.

정리 1을 이용하면 2.2절의 보조정리 1을 증명할 수 있다. 즉, 정수 n의 표준분해가 $n = p_1^{e_1} \cdots p_k^{e_k}$일 때

$$\tau(n) = \prod_{i=1}^{k}(e_i + 1), \quad \sigma(n) = \prod_{i=1}^{k}\left(\frac{p_i^{e_i+1} - 1}{p_i - 1}\right)$$

보조정리 2.

곱셈함수 f, g가 모든 소수 p와 정수 $e \geq 0$에 대하여 $f(p^e) = g(p^e)$이면 $f = g$이다.

증명 **n이 표준분해 $\prod_i p_i^{e_i}$를 가지면**

$$f(n) = f(\prod_i p_i^{e_i}) = \prod_i f(p_i^{e_i}) = \prod_i g(p_i^{e_i}) = g(\prod_i p_i^{e_i}) = g(n)$$ ■

보조정리 2를 이용하면 4.2절의 정리 3, 즉

$$\sum_{d|n} \phi(d) = n$$

을 또 다른 방법으로 증명할 수 있다.

4.2절의 정리 2에 의해 ϕ는 곱셈함수이다. 따라서 보조정리 1에 의해

$$f(n) = \sum_{d|n} \phi(d)$$

도 곱셈함수이다. 앞에서

$$i(n) = n$$

이 곱셈함수이므로, 보조정리 2에 의해, 모든 소수 p와 정수 $e \geq 0$에 대하여 $f(p^e) = i(p^e)$을 보이면 된다.

그런데 p^e의 약수 d는

$$d = p^i \quad (i = 0, 1, \cdots, e)$$

이고

$$\phi(1)=1,\ \phi(p^i)=p^i-p^{i-1}\quad (i>0)$$

이므로

$$f(p^e)=1+\sum_{i=1}^{e}(p^i-p^{i-1})=p^e=i(p^e)$$

참고로, 항등식 $f(n)=\sum_{d|n} g(d)$는 $f=i,\ g=\phi$일 때 또는 $f=\sigma,\ g=i$일 때 성립한다.

이제 뫼비우스 함수를 정의하자. 먼저, 정수론적 함수 δ를 다음과 같이 정의한다.
$n=1$일 때 $\delta(n)=1$이고, $n>1$일 때 $\delta(n)=0$이다.
자명하게 δ는 곱셈함수이다. δ를 다르게 표현해 보면

$$\delta(n)=\left[\frac{1}{n}\right]$$

여기서, $[x]$는 x를 넘지 않는 최대 정수이다.
정수론적 함수인 뫼비우스 함수(Möbius function) μ의 정의는 다음과 같다.

$$\sum_{d|n}\mu(d)=\delta(n)$$

μ의 정의는 귀납적인(점화식을 이용한) 정의이다. 즉, $n=1$일 때 n의 유일한 인수가 1이므로 $\mu(1)=1$ 그리고 $n>1$일 때 $\sum_{d|n}\mu(d)=0$이므로,

$$\mu(n)=-\sum_{d|n,d<n}\mu(d)$$

이다.
예를 들어, n이 소수일 때 그 약수는 $d=1$과 $d=n$ 뿐이므로 $\mu(n)=-\mu(1)=-1$ 이다.
다음은 $1\le n\le 12$ 일 때의 $\mu(n)$의 값을 보여주고 있다.

n	1	2	3	4	5	6	7	8	9	10	11	12
$\mu(n)$	1	−1	−1	0	−1	1	−1	0	0	1	−1	0

다음 결과는 뫼비우스 반전공식(Möbius inversion formula)으로 불리우고 이 공식으로 인해 뫼비우스 함수 μ가 매우 중요하다.

정리 2.

정수론적 함수 f, g에 대하여, $f(n)=\sum_{d|n} g(d)$이면

$$g(n)=\sum_{d|n} f(d)\mu\left(\frac{n}{d}\right)=\sum_{d|n}\mu(d)f\left(\frac{n}{d}\right)$$

증명 먼저 $\sum_{d|n} f(d)\mu\left(\frac{n}{d}\right)=\sum_{d|n}\mu(d)f\left(\frac{n}{d}\right)$을 보이자. $e=\frac{n}{d}$로 놓으면

$$\sum_{d|n} f(d)\mu\left(\frac{n}{d}\right)=\sum_{de=n} f(d)\mu(e)=\sum_{ed=n}\mu(d)f(e)=\sum_{d|n}\mu(d)f\left(\frac{n}{d}\right)$$

따라서 $g(n)=\sum_{d|n}\mu(d)f\left(\frac{n}{d}\right)$을 보이는 것으로 충분하다.

가정에 의하여 $f\left(\frac{n}{d}\right)=\sum_{e|\frac{n}{d}} g(e)$이므로

$$\sum_{d|n}\mu(d)f\left(\frac{n}{d}\right)=\sum_{d|n}[\mu(d)\sum_{e|\frac{n}{d}} g(e)]$$

e가 $\frac{n}{d}$를 나누면 e는 n을 나눈다. 역으로 n의 약수 e에 대하여, e가 $\frac{n}{d}$를 나눌 필요 충분조건은 d가 $\frac{n}{e}$를 나누는 것이고 이 때 d는 n을 나눈다. 따라서

$$\sum_{d|n}\mu(d)f\left(\frac{n}{d}\right)=\sum_{e|n}[g(e)\sum_{d|\frac{n}{e}}\mu(d)]$$

이고, $\frac{n}{e}=1$일 때 $\sum_{d|\frac{n}{e}}\mu(d)=1$, $\frac{n}{e}>1$일 때 $\sum_{d|\frac{n}{e}}\mu(d)=0$이다. 따라서

$$\sum_{d|n}\mu(d)f\left(\frac{n}{d}\right)=g(n)$$

■

따름정리 1.

$n \geq 1$일 때, $\phi(n) = \sum_{d|n} d\mu\left(\frac{n}{d}\right) = \sum_{d|n} \mu(d)\frac{n}{d}$

증명 4.2절의 정리 3에 의해

$$\sum_{d|n} \phi(d) = n = i(n)$$

이고, $f = i,\ g = \phi$로 놓고 뫼비우스 반전공식(정리 2)을 적용하면 구하고자 하는 $\phi(n)$의 공식을 얻는다. ■

뫼비우스 함수값을 정의를 이용하여 귀납적으로 구하는 방법보다 더 효과적인 방법이 다음 정리에 주어진다.

정리 3.

n의 표준분해가 $n = p_1^{e_1} \cdots p_k^{e_k}$일 때, 어떤 $e_i \geq 2$이면 $\mu(n) = 0$이고, 모든 $e_i = 1$이면 $\mu(n) = (-1)^k$이다.
[즉, $\mu(n) \neq 0$일 필요충분조건은 n이 제곱인수(square factor)를 가지지 않는(square-free) 것이다.]

증명 정리 3의 조건을 만족하는 함수를 μ'이라고 하자. 즉, n이 k개의 서로 다른 소수의 곱일 때 $\mu'(n) = (-1)^k$이고 그 외의 경우에 $\mu'(n) = 0$이다.
n에 관한 수학적 귀납법으로 $\mu(n) = \mu'(n)$을 증명하자.
$\mu(1) = 1 = \mu'(1)$이므로 $n = 1$일 때 성립한다. $n > 1$일 때 모든 $d < n$에 대하여 $\mu(d) = \mu'(d)$임을 가정하자. 먼저 $\sum_{d|n} \mu'(d) = 0$을 증명한다.

n의 서로 다른 소인수가 $p_1, \cdots, p_k$이므로, n의 약수 d가 r개의 소인수의 곱일 때 $\mu'(d) = (-1)^r$이다. 따라서

$$\sum_{d|n} \mu'(d) = \sum_{r=0}^{k} \binom{k}{r} (-1)^r$$

이고, 이항정리에 의해

$$\sum_{d|n}\mu'(d)=\sum_{r=0}^{k}\binom{k}{r}(-1)^r=(1+(-1))^k=0$$

$\sum_{d|n}\mu'(d)=0$에서 $\mu'(n)$을 분리시키면

$$\mu'(n)=-\sum_{d|n,d<n}\mu'(d)$$

이고, 뫼비우스 함수 μ의 정의에 따라

$$\mu(n)=-\sum_{d|n,d<n}\mu(d)$$

이다. 그런데 귀납법 가정에 의해, 모든 $d<n$에 대하여 $\mu(d)=\mu'(d)$이므로

$$\mu(n)=\mu'(n)$$ ■

정리 3을 다음과 같이 표현할 수 있다.

$$\mu(n)=\begin{cases}1, & n=1 \\ 0, & n\text{이 제곱인수를 가질 때} \\ (-1)^k, & n\text{이 서로 다른 }k\text{개의 소인수의 곱일 때}\end{cases}$$

이제 뫼비우스 반전공식을 이용하여 다음을 증명할 수 있다.

예제 4-3-1

다음을 증명하라.

$$\phi(n)=n\prod_{p|n}\left(1-\frac{1}{p}\right)\ [\text{여기서 }p\text{는 }n\text{의 소인수}]$$

풀이 이제 n의 표준분해가 $n=p_1^{e_1}p_2^{e_2}\cdots p_k^{e_k}$라고 하자.

먼저 주어진 식의 우변을 전개하면 일반항은

$$\frac{n(-1)^r}{p_1p_2\cdots p_r}$$

$\sum_{d|n}\phi(d)=n$에 뫼비우스 반전공식을 이용하면

$\phi(n)=\sum_{d|n}\mu(d)\frac{n}{d}$

$d=p_1p_2\cdots p_r$일 때 $\frac{n\mu(d)}{d}=\frac{n(-1)^r}{d}=\frac{n(-1)^r}{p_1p_2\cdots p_r}$이고 제곱인수를 가지는 n의 약수

d는 $\mu(d)=0$이므로 주어진 식의 우변은 $\sum_{d|n}\mu(d)\frac{n}{d}$ 따라서

$\phi(n)=n\prod_{p|n}\left(1-\frac{1}{p}\right)$

따름정리 2.

μ는 곱셈함수이다.

증명 $(m,n)=1$일 때, $\mu(mn)=\mu(m)\mu(n)$을 보이면 된다. 만약 m이나 n 중에 제곱인수가 있다면, mn도 제곱인수를 갖는다. 정리 3에 의해

$$\mu(mn)=0=\mu(m)\mu(n)$$

만약 m과 n이 제곱인수를 갖지 않는다면, $m=p_1\cdots p_k$, $n=q_1\cdots q_l$이면서 $p_1,\cdots,p_k,q_1,\cdots,q_l$이 서로 다른 소수이다. $mn=p_1\cdots p_kq_1\cdots q_l$이므로

$$\mu(mn)=(-1)^{k+l}=(-1)^k(-1)^l=\mu(m)\mu(n)$$ ■

정수론적 함수 f, g에 대하여 합성곱(convolution) [혹은, 디리클레 곱(Dirichlet product)] $f*g$의 정의는 다음과 같다.

$$(f*g)(n)=\sum_{d|n}f(d)g\left(\frac{n}{d}\right)$$

다르게 표현하면,

$$(f*g)(n) = \sum_{de=n} f(d)g(e)$$

예를 들어, 4.2절의 정리 3인 $\sum_{d|n}\phi(d) = n$은 함수 u와 i를 이용하여

$$\sum_{d|n}\phi(d)u\left(\frac{n}{d}\right) = i(n)$$

로 표현되고, 이는

$$\phi * u = i$$

이다.

또한 μ의 정의에 의해,

$$\mu * u = \delta$$

이다.

따름정리 1에 의해

$$\phi = i * \mu = \mu * i$$

이다.

보조정리 1은

$$g\text{가 곱셈함수} \Rightarrow f = g*u\text{도 곱셈함수}$$

임을 말한다.

정리 2(뫼비우스 반전공식)는

$$f = g*u \;\Rightarrow\; g = f*\mu = \mu*f$$

임을 말한다.

다음은 디리클레 곱의 기본적인 대수적 성질들이다.

보조정리 3.

정수론적 함수 f,g,h에 대하여

(1) $f^*g=g^*f$

(2) $(f^*g)^*h=f^*(g^*h)$

(3) $f^*\delta=\delta^*f=f$

[즉, 연산 $*$는 교환법칙, 결합법칙을 만족하고, 항등원은 δ이다.]

증명 (1) $(f^*g)(n)=\sum_{de=n}f(d)g(e)=\sum_{ed=n}g(e)f(d)=\sum_{de=n}g(d)f(e)=g^*f$

(2) $((f^*g)^*h)(n)=\sum_{dc=n}(f^*g)(d)h(c)=\sum_{dc=n}(\sum_{ab=d}f(a)g(b))h(c)$

$=\sum_{abc=n}f(a)g(b)h(c)=\sum_{ae=n}f(a)(\sum_{bc=e}g(b)h(c))$

$=\sum_{ae=n}f(a)(g^*h)(e)=(f^*(g^*h))(n)$

(3) $(f^*\delta)(n)=\sum_{de=n}f(d)\delta(e)=f(n)$즉 $f^*\delta=f$이제 교환법칙 (1)을 이용하면

$\delta^*f=f$ ■

보조정리 4.

$f(1)\neq 0$인 정수론적 함수 f에 대하여, $f^*g=\delta=g^*f$인 정수론적 함수 g가 존재한다.

이 함수 g는 다음과 같이 주어진다.

$g(1)=\frac{1}{f(1)}$이고, $n>1$일 때

$$g(n)=\frac{-1}{f(1)}\sum_{d|n,d<n}g(d)f\left(\frac{n}{d}\right)$$

증명 교환법칙을 만족하므로 주어진 함수 g에 대해 $g^*f=\delta$를 보이면 충분하다. 즉

$n=1$일 때 $\sum_{d|n}g(d)f\left(\frac{n}{d}\right)=1$, $n>1$일 때 $\sum_{d|n}g(d)f\left(\frac{n}{d}\right)=0$

$n=1$이면, n의 약수는 $d=1$ 뿐이고 $\sum_{d|n} g(d)f\left(\frac{n}{d}\right)=f(1)g(1)=1$이다.

$n>1$이면,

$$\sum_{d|n} g(d)f\left(\frac{n}{d}\right)=g(d)f(1)+\sum_{d|n,d<n} g(d)f\left(\frac{n}{d}\right)$$

$$=-\frac{f(1)}{f(1)}\sum_{d|n,d<n} g(d)f\left(\frac{n}{d}\right)+\sum_{d|n,d<n} g(d)f\left(\frac{n}{d}\right)=0$$ ■

보조정리 4에서 g를 f의 디리클레 역(Dirichlet inverse)이라 하고, $g=f^{-1}$로 표시한다. $f(1)\neq 0$인 정수론적 함수 f의 집합을 G라 하자.

정리 4.

G는 항등원 δ를 가진 연산 $*$에 관한 가환군이다.

증명 교환법칙, 결합법칙, 항등원 δ의 존재성은 보조정리 3에서 증명했다. 연산에 관해 닫혀있는 것을 증명하자. $f, g\in G$에 대하여 $f(1), g(1)\neq 0$이고

$$(f*g)(1)=\sum_{d|1} f(d)g(1/d)=f(1)g(1)\neq 0$$

이므로 $f*g\in G$이다.

$f\in G$에 대하여 $g=f^{-1}\in G$이므로($\because\ g(1)=1/f(1)\neq 0$), G의 임의의 원소가 그 역을 갖는다. ■

예를 들어, $\mu*u=\delta$이므로 μ와 u는 G에서 서로 역이다. 디리클레 곱의 기호를 이용하면, 간단하게 뫼비우스 반전공식

$$f=g*u \Rightarrow g=f*\mu=\mu*f$$

을 증명할 수 있다.

$$f*\mu=(g*u)*\mu=g*(u*\mu)=g*\delta=g$$

그리고 $*$의 교환법칙에 의해

$$\mu * f = g$$

또한 정리 2(뫼비우스 반전공식)의 역을 증명할 수 있다. 즉

$$g = f * \mu \text{일 때 } g * u = (f * \mu) * u = f * (\mu * u) = f * \delta = f$$

따라서 정리 2보다 강화된 다음 정리를 얻는다.

정리 5.

정수론적 함수 f, g에 대하여

$$f(n) = \sum_{d|n} g(d) \Leftrightarrow g(n) = \sum_{d|n} f(d) \mu\left(\frac{n}{d}\right) = \sum_{d|n} \mu(d) f\left(\frac{n}{d}\right)$$

다음은 보조정리 1 (특별히 $h = u$)을 일반화시킨 것이다.

정리 6.

곱셈함수 g, h에 대하여 $f = g * h$도 곱셈함수이다.

증명 보조정리 1과 증명과정이 거의 비슷하다. 즉

$$f(mn) = \sum_{d|mn} g(d) h\left(\frac{mn}{d}\right) = \left[\sum_{a|m} g(a) h\left(\frac{m}{a}\right)\right]\left[\sum_{b|n} g(b) h\left(\frac{n}{b}\right)\right] = f(m) f(n)$$

■

다음에서 보조정리 1의 역이 성립한다.

따름정리 3.

$f(n)=\sum_{d|n} g(d)$일 때, f가 곱셈함수 $\Leftrightarrow$ g가 곱셈함수

증명 ($\Leftarrow$) 보조정리 1의 내용이다. 다른 방법으로, 가정에 의해 $f=g*u$이고 g와 u가 곱셈함수이므로 정리 6에 의해 f가 곱셈함수이다.

($\Rightarrow$) 가정에 의해 $g=f*\mu$이고 f와 μ가 곱셈함수이므로 정리 6에 의해 g가 곱셈함수이다. ■

연습문제(4.3)

1. 각각의 k에 대하여 $\sigma_k(n) = \sum_{d|n} d^k$이 곱셈함수임을 증명하라.

2. 정수론적 함수 χ의 정의는 다음과 같다.
   n이 짝수일 때 $\chi(n) = 0$,
   $n \equiv 1 \pmod 4$일 때 $\chi(n) = 1$,
   $n \equiv 3 \pmod 4$일 때 $\chi(n) = -1$.
   χ가 곱셈함수임을 증명하라.

3. $\tau_i(n)$은 n의 $d \equiv i \pmod 4$인 약수 d의 개수이다. $g(n) = \tau_1(n) - \tau_3(n)$이 곱셈함수임을 보이고 $g(n)$을 n의 표준분해의 형태로 표현하라.

4. 복소수 z가 $z^n = 1$이고 $1 \le m < n$인 m에 대해서 $z^m \ne 1$일 때, z를 1의 원시 복소 n승근(primitive complex n-th root of 1)이라 한다.
   $\mu(n)$이 1의 원시 복소 n승근들의 합임을 증명하라.

5. 곱셈함수 f 에 대하여 다음을 증명하라.

$$\sum_{d|n} \mu(d) f(d) = \prod_{p|n} (1 - f(p))$$

보충문제(4.3)

1. n이 k개의 서로 다른 소인수를 가질 때, 식 $\sum_{d \mid n} |\mu(d)|$을 간단히 하라.

2. (1) 임의의 양의 정수 n에 대하여 $\mu(n)\mu(n+1)\mu(n+2)\mu(n+3)$의 값을 구하라.

   (2) 임의의 정수 $n \geq 3$에 대하여, $\sum_{k=1}^{n} \mu(k!)$의 값을 구하라.

3. 임의의 양의 정수 n에 대하여, $\sum_{d \mid n} \frac{1}{d} = \frac{\sigma(n)}{n}$을 증명하라.

4. 480의 약수의 합, 약수의 곱을 구하고, 480 이하이며 480과 서로소인 자연수의 합을 구하라.

5. 자연수 k에 대하여 $\tau(k)$를 k의 양의 약수의 개수라 할 때, 임의의 자연수 n에 대하여

$$\tau(1)+\tau(2)+\cdots+\tau(n) = \left[\frac{n}{1}\right]+\left[\frac{n}{2}\right]+\cdots+\left[\frac{n}{n}\right]$$

   임을 증명하라. 단, $[x]$는 x를 넘지 않는 최대 정수이다.

6. 양의 정수 n에 대하여, $\frac{(2n)!}{(n!)^2}$은 항상 짝수임을 증명하라.

7. 자연수 n에 대하여

$$\sum_{k \mid n} (\tau(k))^3 = \left(\sum_{k \mid n} \tau(k)\right)^2$$

   임을 증명하라.

8. $n > 1$을 양의 정수라 하고 $n = p_1^{e_1} p_2^{e_2} \cdots p_r^{e_r}$이 n의 표준분해일 때, 다음을 증명하라.

(1) $\sum_{d \mid n} \mu(d) \tau(d) = (-1)^r$.

(2) n이 짝수이면, $\sum_{d \mid n} \mu(d) \phi(d) = 0$.

(3) $\sum_{d \mid n} d \mu(d)$를 간단히 하라.

9. 식 $\sum_{d \mid n} \frac{\mu^2(d)}{\tau(d)}$을 간단히 하라.

10. 식 $\sum_{d \mid n} \frac{\mu^2(d)}{\phi(d)}$을 간단히 하라.

11. $\frac{\sigma(n!)}{n!} \geq 1 + \frac{1}{2} + \cdots + \frac{1}{n}$임을 증명하라.

CHAPTER 05

원시근 (Primitive roots)

5.1 원시근

군(group)은 현대 대수학 여러 곳에서 자주 등장하는 기본적인 대수 구조(algebraic structure)다.

공집합이 아닌 집합 G위에 이항연산 $\circ$이 정의되어 있고, 이 연산에 대하여 다음이 성립할 때 $(G, \circ)$를 군(group)이라 하고 G는 연산 $\circ$에 대하여 군을 이룬다고 한다.

(1) 연산 $\circ$에 대하여 닫혀있다. 즉, $a, b \in G \Rightarrow a \circ b \in G$

(2) 결합법칙이 성립한다. 즉, 모든 $a, b, c \in G$ 에 대하여

$$(a \circ b) \circ c = a \circ (b \circ c)$$

(3) 항등원을 가진다. 즉, 모든 $a \in G$에 대하여

$$a \circ e = e \circ a = a$$

인 $e \in G$가 존재한다. 이 e를 G의 $\circ$에 대한 항등원(identity)이라 한다.

(4) G의 모든 원소가 역원을 가진다. 즉, 모든 $a \in G$에 대하여

$$a \circ a^{-1} = a^{-1} \circ a = e$$

인 $a^{-1} \in G$가 존재한다. 이 a^{-1}을 a의 $\circ$에 대한 역원(inverse)이라 한다.

군 $(G, \circ)$을 논할 때 연산 $\circ$은 중요한 역할을 한다. 그러나 문맥상 혼동을 일으킬 염려가 없을 때 간단히 G를 군이라 부르기로 한다.

특별히, 군 G가 교환법칙, 즉 모든 $a, b \in G$ 에 대하여

$$a \circ b = b \circ a$$

을 만족할 때 이 군을 가환군(commutative group, abelian group)이라 한다.

4.2절에서 정의한, $\mathbb{Z}_m$에 있는 단원 전체의 집합 U_m이 군(group)임을 다음 정리에서 알 수 있다.

정리 1.

임의의 자연수 m에 대하여, U_m은 곱셈에 관하여 가환군이다.

증명 먼저, 두 단원 a, b의 곱 ab가 단원임을 보이자. 정수 u, v가 존재하여

$$au \equiv 1 \pmod{m}, \quad bv \equiv 1 \pmod{m}$$

이다. 따라서 $(ab)(uv) \equiv (au)(bv) \equiv 1 \pmod{m}$이고 정수 uv가 ab의 역원이므로 ab는 단원이다. 그러므로 U_m은 곱셈에 관하여 닫혀있다.

결합법칙은 자명하게 성립한다.

모든 $a \in U_m$에 대하여 $a \cdot 1 = a$이므로, 항등원은 1이다.

모든 $a \in U_m$에 대하여, 단원의 정의에 의해서 $au \equiv 1 \pmod{m}$인 $u \in \mathbb{Z}_m$이 존재하므로 a의 역원이 존재한다.

마지막으로, 자명하게 U_m은 곱셈에 관하여 가환이다. ■

군 G가 유한집합일 때 이 군을 유한군(finite group)이라 하고, 특히 $|G| = n$ 일 때 n을 G의 위수(order)라 한다. 또한, 항등원 e를 갖는 유한군 G에서 원소 a의 위수는 $a^k = e$를 만족하는 최소 양의 정수 k이다. 이를 U_m의 용어로 바꾸면 다음과 같다.

$a \in U_m$의 위수는 $a^k \equiv 1 \pmod{m}$을 만족하는 최소 양의 정수 k이다.

예를 들어, U_5에서 2의 위수는 4 ($\because 2^1 \equiv 2,\ 2^2 \equiv 4,\ 2^3 \equiv 3,\ 2^4 \equiv 1$)이다. 또

한 U_5에서 1의 위수는 1, 3의 위수는 4, 4의 위수는 2이다.

U_8에서 원소 1, 3, 5, 7의 위수는 각각 1, 2, 2, 2이다.

보조정리 1.

a의 위수가 r일 때 다음이 성립한다.

(1) 음이 아닌 정수 k에 대하여

$$a^k \equiv 1 \pmod{m} \Leftrightarrow r|k$$

(2) $r|\phi(m)$

(3) 음이 아닌 정수 i, j에 대하여

$$a^i \equiv a^j \pmod{m} \Leftrightarrow i \equiv j \pmod{r}$$

(4) r개의 정수 $1, a, a^2, \cdots, a^{r-1}$은 어느 둘도 법 m에 관하여 합동이 아니고 이들은 모두 m과 서로 소이다.

(5) 음이 아닌 정수 k에 대하여, 법 m에 관한 a^k의 위수는 $\dfrac{r}{(k,r)}$이다.

증명 (1) 먼저 $r|k$일 때, $k = qr$라고 놓으면 다음이 성립한다.

$$a^k = a^{qr} = (a^r)^q \equiv 1^q = 1 \pmod{m}$$

역으로, $a^k \equiv 1 \pmod{m}$일 때, $k = qr + t$, $0 \le t < r$라고 하면

$$1 \equiv a^k = a^{qr+t} = (a^r)^q a^t \equiv a^t \pmod{m}$$

이므로 r의 최소성에 의하여 $t = 0$이고 따라서 $r|k$이다.

(2) 오일러 정리에 의하여 $a^{\phi(m)} \equiv 1 \pmod{m}$이므로 위의 (1)에 의하여 $r|\phi(m)$이다.

(3) 먼저 $i \ge j$라고 가정하여도 좋다. $(a, m) = 1$이므로

$$a^i \equiv a^j \pmod{m} \Leftrightarrow a^{i-j} \equiv 1 \pmod{m}$$

식 (1)에 의하여 $r|(i-j)$이므로 $i \equiv j \pmod{r}$

(4) 식 (3)과 1.1절의 연습문제 13에 의하여 (4)가 성립한다.

(5) 이제 $d=(k, r)$, $k=dk'$, $r=dr'$이라고 하자. 이 때, 양의 정수 s에 대하여 다음이 성립한다.

$$(a^k)^s \equiv 1 \pmod{m} \Rightarrow a^{ks} \equiv 1 \pmod{m} \Rightarrow r|ks \Rightarrow r'|k's$$

한편, $(k', r')=1$이므로 $r'|k's \Rightarrow r'|s$ 이다. 따라서

$$(a^k)^{r'} \equiv a^{dk'r'} \equiv (a^r)^{k'} \equiv 1 \pmod{m}$$

이므로 위수의 정의에 의하여 법 m에 관한 a^k의 위수는 $r'=r/d=r/(k,r)$이다. ■

이제 군 U_m의 구조를 살펴보고자 한다. 이를 위해 U_m의 위수 $\phi(m)$을 아는 것만으로는 충분하지 않다. 왜냐하면 $\phi(5)=4=\phi(8)$로서 U_5, U_8은 위수 4이지만, U_5에는 위수 4인 원소 2, 3이 있고 U_8에는 위수 4인 원소가 없다.

군 G의 원소 c가 존재하여 G의 임의의 원소 g가 $g=c^i$인 양의 정수 i가 존재할 때 G를 순환군(cyclic group), c를 생성원(generator)이라 한다. 특히 c의 위수가 m일 때, 즉 $|G|=m$일 때 G를 C_m으로 표시한다.

U_m이 순환군일 때, U_m의 생성원 g를 법 m에 관한 원시근(primitive root)이라 한다. 즉 g의 위수는 $\phi(m)$이다.

예를 들어, 2, 3은 법 5에 관한 원시근이고, U_8이 순환군이 아니므로 법 8에 관한 원시근은 없다.

요약하면, 양의 정수 $m\,(m \geq 2)$과 $(a, m)=1$인 정수 a에 대하여

$$a^r \equiv 1 \pmod{m}$$

인 최소 양의 정수 r을 법 m에 관한 a의 위수(order)라고 한다. 그리고 a의 위수가 $\phi(m)$일 때, a를 법 m에 관한 원시근(primitive root)이라 한다.

일반적으로 U_m의 원시근을 찾는 문제는 간단하지 않다. 다음 결과는 원시근을 찾는데 도움이 된다.

보조정리 2.

$a \in U_m$이 원시근일 필요충분조건은 $\phi(m)$을 나누는 임의의 소수 q에 대하여 $a^{\phi(m)/q} \not\equiv 1 \pmod{m}$이다.

증명 a가 원시근이면 a의 위수는 $\phi(m)$이므로 $1 \le i < \phi(m)$인 i에 대하여 $a^i \not\equiv 1 \pmod{m}$이고 이를 $i = \phi(m)/q$에 적용하면 된다.
역으로, a가 원시근이 아니라면 보조정리 1에 의하여 a의 위수 k는 $\phi(m)$보다 작은 $\phi(m)$의 약수이다. 즉, $\phi(m)/k > 1$이다. q가 $\phi(m)/k$의 소인수라면 k가 $\phi(m)/q$를 나누고, 그러므로 $a^{\phi(m)/q} \equiv 1 \pmod{m}$이고 모순이다. 따라서 a는 원시근이다. ■

예를 들어, $m = 11$일 때 $a = 2$가 법 11에 대하여 원시근인지 보조정리 2를 이용하여 살펴보자.

$\phi(11) = 10$이고 소수 $q = 2$와 $q = 5$로 나누어진다. 그러면 $\phi(m)/q$는 5와 2가 된다. 그런데 $2^5, 2^2 \not\equiv 1 \pmod{11}$이므로 보조정리 2에 의해 법 11에 관한 원시근이다. 실제로

$$2^1 = 2,\ 2^2 = 4,\ 2^3 = 8,\ 2^4 \equiv 5,\ 2^5 \equiv 10,$$

$$2^6 \equiv 9,\ 2^7 \equiv 7,\ 2^8 \equiv 3,\ 2^9 \equiv 6,\ 2^{10} \equiv 1$$

또한 $a = 3$이 법 11에 대하여 원시근인지 살펴보면

$$3^5 = 243 \equiv 1 \pmod{11}$$

이므로 보조정리 2에 의해 $a = 3$은 법 11에 관한 원시근이 아니다. 실제로 3의 거듭제곱은 다음과 같다.

$$3^1 = 3,\ 3^2 = 9,\ 3^3 \equiv 5,\ 3^4 \equiv 4,\ 3^5 \equiv 1$$

그러나 $a = 3$이 다른 법 17에 대하여 원시근임을 다음에서 알 수 있다. $\phi(17) = 16$이고 유일한 소인수는 2이다. 보조정리 2에 의하여 $a \in U_{17}$가 원시근일 필요충분조건은 $a^8 \not\equiv 1 \pmod{17}$이다.

먼저, $a=2$의 경우 $2^8=256\equiv 1 \pmod{17}$이므로 2는 법 17에 대한 원시근이 아니다. $a=3$의 경우 $3^8=(3^4)^2\equiv(-4)^2=16\not\equiv 1 \pmod{17}$이므로 3은 법 17에 대한 원시근이다.

정리 2.

p가 소수일 때 $p-1$의 약수 d에 대하여 U_p는 위수가 d인 $\phi(d)$개의 원소를 갖는다.

증명 $p-1$의 약수 d에 대하여 $S_d=\mathrm{a}\in \mathrm{U_p}|\,\mathrm{a}$의 위수는 d로 정의하자. 즉 U_p에서 위수가 d인 원소의 개수는 $|S_d|$이다. 여기서 $|S_d|=\phi(d)$를 증명하면 된다. 4.1절의 정리 2와 보조정리 1에 의해 U_p에 있는 각 원소의 위수는 $p-1$을 나눈다. 따라서 집합 S_d들은 U_p의 분할을 이룬다. 즉

$$\sum_{d|(p-1)}|S_d|=p-1$$

4.2절의 정리 3에서 $m=p-1$로 놓으면

$$\sum_{d|(p-1)}\phi(d)=p-1$$

따라서

$$\sum_{d|(p-1)}(\phi(d)-|S_d|)=0$$

만약 $p-1$의 임의의 약수 d에 대하여 $|S_d|\leqq\phi(d)$를 보이면, 위 식의 좌변합이 0이면서 각 항이 음이 아니므로 각 항은 0이다. 즉 $|S_d|=\phi(d)$ S_d가 공집합이면 부등식 $|S_d|\leqq\phi(d)$은 자명하다. 따라서 S_d가 원소 a를 갖는다고 하자.

S_d의 정의에 의해 $a, a^2, \cdots a^d$은 모두 다르고 각각의 d 거듭제곱은 1이다.
즉 $a, a^2, \cdots a^d$은 $\mathbb{Z}_p$에서 다항식 $f(x)=x^d-1$의 d개의 서로 다른 근이다. 4.1절의 정리 1에 의해 $f(x)$는 $\mathbb{Z}_p$에서 기껏해야 d개의 근을 가지므로 $a, a^2, \cdots a^d$은 $f(x)$의 모든 근이다. 이제

$$S_d=\mathrm{a^i}\,|\,\gcd(i,d)=1,\ 1\leq i\leq d$$

을 보이면 된다.

$b \in S_d$이면 b는 $f(x)$의 근이고 어떤 $i=1, 2, \cdots, d$에 대하여 $b=a^i$이다. $j=\gcd(i, d)$로 놓으면 U_p에서

$$b^{d/j} = a^{id/j} = (a^d)^{i/j} = 1^{i/j} = 1$$

그러나 b의 위수가 d이므로 $j=1$ 따라서 증명 끝. ■

따름정리 1.

p가 소수일 때 U_p는 순환군이다.

증명 정리 2에서 $d=p-1$로 놓으면 U_p에 위수가 $p-1$인 원소가 $\phi(p-1)$개 존재한다. $\phi(p-1) \geq 1$이므로 U_p에 위수가 $p-1$인 원소가 적어도 하나 존제한다. U_p의 위수가 $\phi(p)=p-1$이므로 위의 원소가 U_p의 생성원이다. 따라서 U_p는 순환군이다. ■

참고로, 따름정리 1의 역은 성립하지 않는다. U_4는 순환군이다. 왜냐하면 $3^1=3$, $3^2 \equiv 1$이고 $\phi(4)=2$이므로 3은 U_4의 생성원이기 때문이다.

정리 3.

p가 홀수인 소수일 때, U_{p^k}은 순환군이다. $(k \geq 1)$

증명 따름정리 1에 의해 $k=1$일 때 성립한다. 즉 법 p에 관한 원시근 g가 존재한다. 이제 다음 두 가지 사실을 보이면 정리 3은 증명된다.

(1) 법 p^2에 관하여 g나 $g+p$가 원시근이다.

(2) h가 법 p^2에 관한 원시근이면, h는 모든 $k \geq 2$에 대하여 법 p^k에 관한 원시근이다.

이제 (1)을 증명하자. $\gcd(g, p) = 1$이므로 $\gcd(g, p^2) = 1$이어서 $g \in U_{p^2}$ 법 p^2에 관한 g의 위수를 d로 놓으면, $d \mid \phi(p^2) = p(p-1)$. d의 정의에 의해 $g^d \equiv 1 \pmod{p^2}$이고 $g^d \equiv 1 \pmod{p}$이다. 그런데 법 p에 관한 g의 위수는 $p-1$이므로 $(p-1) \mid d$. p가 소수이므로 $d = p(p-1)$이거나 $d = p-1$이다.

만약 $d = p(p-1)$이면 g는 법 p^2에 관한 원시근이다. 따라서 $d = p-1$이라 가정하자.

$h = g + p$로 놓으면, $h \equiv g \pmod{p}$이므로 h는 법 p에 관한 원시근이다. 마찬가지로 U_{p^2}에서 h의 위수는 $p(p-1)$ 또는 $p-1$이다.

$g^{p-1} \equiv 1 \pmod{p^2}$이고, 다음에서 이항정리를 이용하면

$$h^{p-1} = (g+p)^{p-1} = g^{p-1} + (p-1)g^{p-2}p + \cdots \equiv 1 - pg^{p-2} \pmod{p^2}$$

$\gcd(g, p) = 1$이므로 $pg^{p-2} \not\equiv 0 \pmod{p^2}$이고 $h^{p-1} \not\equiv 1 \pmod{p^2}$이다. 따라서 h는 U_{p^2}에서 위수 $p(p-1)$을 가진다. 즉 $h = g + p$는 법 p^2에 관한 원시근이다. (1)의 증명 끝.

이제 (2)를 증명하자. 법 p^2에 관한 임의의 원시근을 h라 하자. 모든 $k \geq 2$에 대하여 h가 법 p^k에 관한 원시근임을 k에 관한 수학적 귀납법으로 증명한다. h가 법 p^k에 관한 원시근이라 가정하고 법 p^{k+1}에서 h의 위수를 d라 하자. (1)에서와 비슷한 방법으로 $d \mid \phi(p^{k+1}) = p^k(p-1)$이고 또 $\phi(p^k) = p^{k-1}(p-1) \mid d$ 이므로 $d = p^k(p-1)$이거나 $d = p^{k-1}(p-1)$이다.

먼저 $d = p^k(p-1)$이면 h는 법 p^{k+1}에 관한 원시근이므로, $d = p^{k-1}(p-1)$일 때 $h^{p^{k-1}(p-1)} \not\equiv 1 \pmod{p^{k+1}}$을 보이면 충분하다.

h가 법 p^k에 관한 원시근이므로 위수가 U_{p^k}에서 $\phi(p^k) = p^{k-1}(p-1)$이다. 따라서 $h^{p^{k-2}(p-1)} \not\equiv 1 \pmod{p^k}$오일러 정리에 의해 $h^{p^{k-2}(p-1)} \equiv 1 \pmod{p^{k-1}}$이므로 $h^{p^{k-2}(p-1)} = 1 + mp^{k-1}$, $(m,p) = 1$이고 이항정리에 의해

$$\begin{aligned} h^{p^{k-1}(p-1)} &= (1 + mp^{k-1})^p \\ &= 1 + \binom{p}{1} mp^{k-1} + \binom{p}{2}(mp^{k-1})^2 + \cdots \\ &= 1 + mp^k + \frac{1}{2}m^2p^{2k-1}(p-1) + \cdots \end{aligned}$$

전개식에서 네 번째항부터는 $(p^{k-1})^3$로 나누어지고, 따라서 p^{k+1}로 나누어진다. $(\because k \geq 2 \rightarrow 3(k-1) \geq k+1)$ 즉

$$h^{p^{k-1}(p-1)} \equiv 1 + mp^k + \frac{1}{2}m^2p^{2k-1}(p-1) \pmod{p^{k+1}}$$

p가 홀수이므로 우변의 세 번째항 $\frac{1}{2}m^2p^{2k-1}(p-1)$도 p^{k+1}로 나누어진다.

$(\because k \geq 2 \rightarrow 2k-1 \geq k+1)$따라서

$$h^{p^{k-1}(p-1)} \equiv 1 + mp^k \pmod{p^{k+1}}$$

p가 m을 나누지 않으므로 $h^{p^{k-1}(p-1)} \not\equiv 1 \pmod{p^{k+1}}$ (2)의 증명 끝. ■

이제 어떤 m에 대하여 U_m이 순환군인지 (즉, 법 m에 관하여 원시근이 존재하는지) 살펴보자.

정리 4.

양의 정수 m $(m \geq 2)$에 대하여, U_m이 순환군일 필요충분조건은
$m = 2,\ 4,\ p^k,\ 2p^k$(p는 홀수인 소수, $k \geq 1$)

증명 $(\Leftarrow)$ $m = 2,4$이면 성립한다. 정리 3에 의해 $m = p^k$일 때 성립한다. $m = 2p^k$라고 가정하자. $\phi(m) = \phi(2)\phi(p^k) = \phi(p^k)$정리 3에 의해 법 p^k에 관한 원시근 g가 존재한다.

$g + p^k$도 법 p^k에 관한 원시근이고 g와 $g + p^k$ 중에 하나가 홀수이므로 법 p^k에 관한 홀수인 원시근 h가 존재한다. h가 2와 p^k에 서로 소이므로 $h \in U_{2p^k}$ 만약 $h^i \equiv 1 \pmod{2p^k}$이면 $h^i \equiv 1 \pmod{p^k}$이므로 $\phi(p^k) | i$그런데 $\phi(p^k) = \phi(2p^k)$이므로 $\phi(2p^k) | i$따라서 $h \in U_{2p^k}$의 위수가 $\phi(2p^k)$이다. 즉 h는 법 $2p^k$에 관한 원시근이다.

$(\Rightarrow)$ $m \neq 2,\ 4,\ p^k,\ 2p^k$이면 다음 중 하나이다.

(1) $m = 2^k (k \geq 3)$

(2) $m = 2^k p^l (k \geq 2,\ l \geq 1)$

(3) m이 적어도 두 개의 서로 다른 홀수인 소인수를 가진다.
(1)의 경우에, 연습문제 6에 의해 U_m은 순환군이 아니다.
(2)와 (3)의 경우에, 연습문제 5에 의해 U_m은 순환군이 아니다. ■

참고로, 법 m에 관한 원시근이 존재하지 않는 최소의 양의 정수 m은 8이다.

예제 5-1-1

방정식 $2^x = 3^y - 1 \quad (x,\ y \geq 1)$의 정수해를 모두 구하라.

풀이 주어진 방정식의 정수해 중에서 $1 \leq x \leq 3$인 정수해는 $x=1,\ y=1$과 $x=3,\ y=2$뿐이다. 이제 주어진 방정식이 $x=a \geq 4,\ y=b$를 가진다고 가정하자. 이 때,

$$2^a = 3^b - 1,\ \ 2^4 | 2^a$$

이므로 $3^b \equiv 1 \pmod{16}$이다. 그런데

$$3^1 = 3,\ 3^2 = 9,\ 3^3 \equiv 11,\ 3^4 \equiv 1 \pmod{16}$$

이므로 법 16에 관한 3의 위수가 4이다. 따라서$b = 4k$인 정수 k가 존재하고

$$3^b = 3^{4k} = (3^4)^k \equiv 1^k = 1 \pmod 5$$

이므로 다음이 성립한다.

$$2^a = 3^b - 1 \equiv 0 \pmod 5 \ \text{즉}\ 5 | 2^a$$

그러나 이것은 모순이다. 따라서 구하는 정수해는 $x=1,\ y=1$과 $x=3,\ y=2$뿐이다.

예제 5-1-2

양의 정수 m과 두 정수 a, b에 대하여 $ab \equiv 1 \pmod m$일 때, a와 b의 위수가 같음을 증명하라.

풀이 가정에서 $ab \equiv 1 \pmod{m}$이므로 $(ab, m) = (1, m) = 1$이고, 따라서 $(a, m) = (b, m) = 1$이다. 법 m에 관한 a의 위수를 r, b의 위수를 s라 하면

$1 \equiv (ab)^s = a^s b^s \equiv a^s \pmod{m}$,

$1 \equiv (ab)^r = a^r b^r \equiv b^r \pmod{m}$

이고 $r \mid s$, $s \mid r$이다. 그러므로 $s = r$이다.

연습문제(5.1)

1. 법 m에 관한 원시근이 존재할 때, 법 m에 관한 원시근의 개수를 구하라.

2. 방정식 $3^x = 2^y - 1 \quad (x, y \geq 1)$의 정수해를 모두 구하라.

3. 양의 정수 m과 두 정수 a,b에 대하여 $a \equiv b \pmod{m}$, $(a, m) = 1$일 때, a와 b의 위수가 같음을 증명하라.

4. 소수 p에 대해 $p^e | n$, $p^{e+1} \nmid n$일 때, 기호로 $p^e \| n$이다. 정수 $n \geq 0$에 대하여 $2^{n+2} \| (5^{2^n} - 1)$을 증명하라.

5. $m = rs$, $(r,s) = 1$, r, $s > 2$일 때, 법 m에 관한 원시근이 존재하지 않음을 증명하라.

6. U_{2^k}가 순환군일 필요충분조건을 구하라.

7. 정수 $k \geq 3$에 대하여 $U_{2^k} = \pm 5^{\mathrm{i}} | 0 \leq \mathrm{i} < 2^{\mathrm{k}-2}$ 임을 증명하라.

보충문제(5.1)

1. $a^{p-1} \equiv 1 \pmod{p}$인 정수 a가 존재하고, $p-1$을 나누는 임의의 소수 q에 대하여 $a^{(p-1)/q} \not\equiv 1 \pmod{p}$일 때, p가 소수이고 a가 법 p에 관한 원시근임을 증명하라. 이를 이용하여 페르마 수 $F_4 = 2^{2^4} + 1 = 65537$가 소수임을 증명하라.

2. 소수 p에 대하여 $(p-2)! \equiv 1 \pmod{p}$를 증명하고, 홀수인 소수 p에 대하여 $(p-3)! \equiv (p-1)/2 \pmod{p}$를 증명하라.

3. 어떤 페르마 소수와 메르센느 소수가 2를 원시근으로 갖는가?

4. 정수 18과 27에 대하여 각각의 모든 원시근을 구하라.

5. $(a, m) = 1$일 때, 법 m에 관한 a의 위수가 r일 때, 법 m에 관한 a^k의 위수가 $r/(k, r)$임을 증명하라.

6. (1) 법 m에 관한 원시근 g에 대하여, g^k이 법 m에 관한 원시근일 필요충분조건은 $(k, \phi(m)) = 1$임을 증명하라.
   (2) g^k이 법 m에 관한 원시근이면 g도 법 m에 관한 원시근임을 증명하라.

7. 3이 법 17에 관한 원시근임을 증명하고, $\mathbb{Z}_{17}$에 있는 법 17에 관한 원시근을 모두 구하라.

8. 법 m에 관한 원시근이 존재할 때, 기약잉여계 $\mathbb{Z}_m^* = \mathrm{r}_1, \mathrm{r}_2, \cdots, \mathrm{r}_{\phi(\mathrm{m})}$에 대하여 $r_1 r_2 \cdots r_{\phi(m)} \equiv -1 \pmod{m}$임을 증명하라.

5.2 원시근의 응용

법 m에 관한 원시근 g가 존재할 때, $R=1, \mathrm{g}, \mathrm{g}^2, \cdots, \mathrm{g}^{\phi(\mathrm{m})-1}$은 법 m에 관한 기약잉여계이다. 따라서 다음 정의를 생각할 수 있다.

법 m에 관한 원시근 g가 존재할 때, $(a, m)=1$이면 적당한 $i\ (0 \le i \le \phi(m)-1)$에 대하여

$$a \equiv g^i \pmod{m}$$

이다. 여기서 정수 i를 법 m에 관한 (g를 밑으로 가지는) a의 지표(index)라 하고 기호로 $i_g a$로 나타낸다. 즉

$$i_g a \equiv i \pmod{\phi(m)} \Leftrightarrow a \equiv g^i \pmod{m}$$

특별히 $g^0 \equiv 1 \pmod{m}$, $g^1 \equiv g \pmod{m}$이므로

$$i_g 1 = 0,\ i_g g = 1$$

예를 들어, $\phi(7)=6$이고 다음이 성립한다.

$$5^0=1,\ 5^1=1,\ 5^2 \equiv 4,\ 5^3 \equiv 6,\ 5^4 \equiv 2,\ 5^5 \equiv 3 \pmod{7}$$

따라서 5는 법 7에 대한 원시근이고, 법 7에 대한 5를 밑으로 가지는 1, 2, 3, 4, 5, 6의 각각의 지표는 0, 4, 5, 2, 1, 3이다.

정의로부터 짐작할 수 있는 바와 같이, 지표 $i_g a$는 로그와 비슷한 성질을 만족한다.

보조정리 1.

법 m $(m \ge 3)$에 관한 원시근 g가 존재할 때, $(a, m)=1$, $(b, m)=1$인 정수 a, b에 대하여 다음이 성립한다.

(1) $a \equiv b \pmod{m} \Leftrightarrow i_g a = i_g b$

(2) $i_g ab \equiv i_g a + i_g b \pmod{\phi(m)}$

(3) $i_g a^n \equiv n\, i_g a \pmod{\phi(m)}$

증명 (1) 이것은 정의에 의해 자명하다.

(2) $i_g a \equiv i \pmod{\phi(m)}$, $i_g b \equiv j \pmod{\phi(m)}$라고 놓으면,

$a \equiv g^i \pmod{m}$, $b \equiv g^j \pmod{m}$, $ab \equiv g^{i+j} \pmod{m}$이므로

$i_g ab \equiv i + j \equiv i_g a + i_g b \pmod{\phi(m)}$

(3) $i_g a \equiv i \pmod{\phi(m)}$라고 놓으면 $a \equiv g^i \pmod{m}$, $a^n \equiv g^{\in} \pmod{m}$이므로

$i_g a^n \equiv \ni \equiv n i_g a \pmod{\phi(m)}$이다. ■

예제 5-2-1

합동식 $6^x \equiv 7 \pmod{13}$의 정수해를 구하라.

풀이 $\phi(13) = 12$, $(6, 13) = 1$이므로, (3)에 의해 이 합동식은 다음 합동식과 동치이다.

$x\, i_g 6 \equiv i_g 7 \pmod{12}$

법 13에 관한 원시근 $g = 2$에 대해,

$2,\ 2^2 = 4,\ 2^3 = 8,\ 2^4 \equiv 3,\ 2^5 \equiv 6,\ 2^6 \equiv 12,\ 2^7 \equiv 11,$

$2^8 \equiv 9,\ 2^9 \equiv 5,\ 2^{10} \equiv 10,\ 2^{11} \equiv 7,\ 2^{12} \equiv 1.$

따라서 $i_g 6 = 5$, $i_g 7 = 11$이므로, 위의 합동식은

$5x \equiv 11 \pmod{12}$

이고 이 합동식의 해는 $x \equiv 7 \pmod{12}$이다.

예제 5-2-2

합동식 $x^4 \equiv 13 \pmod{17}$의 정수해를 구하라.

풀이 $\phi(17) = 16$. (3)에 의해 이 합동식은 다음 합동식과 동치이다.

$4\, i_g x \equiv i_g 13 \pmod{16}$

법 17에 관한 원시근 $g=3$에 대해,

$3,\ 3^2=9,\ 3^3\equiv 10,\ 3^4\equiv 13,\ 3^5\equiv 5,\ 3^6\equiv 15,\ 3^7\equiv 11,\ 3^8\equiv 16,$

$3^9\equiv 14,\ 3^{10}\equiv 8,\ 3^{11}\equiv 7,\ 3^{12}\equiv 4,\ 3^{13}\equiv 12,\ 3^{14}\equiv 2,\ 3^{15}\equiv 6,\ 3^{16}\equiv 1.$

따라서 $i_g 13=4$이므로, 위의 합동식은

$4i_g x\equiv 4 \pmod{16}$ 즉 $i_g x\equiv 1 \pmod 4$

이고 $i_g x\equiv 1, 5, 9, 13 \pmod{16}$에서

$x\equiv 3, 5, 14, 12 \pmod{17}$.

예제 5-2-3

합동식 $x^3\equiv 1 \pmod{63}$의 정수해를 구하라.

풀이 $63=3^2\times 7$이므로, 주어진 합동식은 다음 연립합동식과 동치이다.

$x^3\equiv 1 \pmod 9$와 $x^3\equiv 1 \pmod 7$

법 9에 관하여 2가 원시근이다. $x=2^i$로 놓으면 $2^{3i}\equiv 1 \pmod 9$이고 $3i\equiv 0 \pmod 6$ 즉 $i\equiv 0 \pmod 2$이다. 따라서 $x^3\equiv 1 \pmod 9$의 일반해는

$x\equiv 2^0, 2^2, 2^4\equiv 1, 4, 7 \pmod 9$이다.

법 7에 관하여 3이 원시근이다. $x=3^i$로 놓으면 $3^{3i}\equiv 1 \pmod 7$이고 $3i\equiv 0 \pmod 6$ 즉 $i\equiv 0 \pmod 2$이다. 따라서 $x^3\equiv 1 \pmod 7$의 일반해는

$x\equiv 3^0, 3^2, 3^4\equiv 1, 2, 4 \pmod 7$이다.

$x\equiv 1, 4, 7 \pmod 9$와 $x\equiv 1, 2, 4 \pmod 7$을 연립하면 9가지 경우가 있으며 각각의 경우 중국인의 나머지 정리를 이용하면 공통해를 구한다. 따라서 $x^3\equiv 1 \pmod{63}$의 일반해는

$x\equiv 1, 4, 16, 22, 25, 37, 43, 46, 58 \pmod{63}$

이다.

예제 5-2-4

합동식 $x^3 \equiv 3 \pmod{16}$의 정수해를 구하라.

풀이 5.1절의 연습문제 7에 의해 U_{16}에서 $x = \pm 5^i \ (0 \le i < 4)$의 꼴이고 $3 \equiv -5^3 \pmod{16}$이다. 따라서 $-5^3 = (\pm 5^i)^3 = \pm 5^{3i}$ 이므로 $x = -5^i$이고 $5^{3i} \equiv 5^3 \pmod{16}$이다.

U_{16}에서 5의 위수는 $\phi(16)/2 = 4$이므로 $3i \equiv 3 \pmod 4$ 즉 $i \equiv 1 \pmod 4$ 그러므로 $x = -5^1 \equiv 11 \pmod{16}$은 합동식 $x^3 \equiv 3 \pmod{16}$의 유일한 정수해이다.

이제 다음 합동식의 해의 존재성에 대하여 논하기로 하자.

정리 1.

법 $m \ (m \ge 3)$에 관한 원시근이 존재할 때, 합동식

$$x^n \equiv a \pmod m, \ (a, m) = 1,$$

에서 $d = (n, \phi(m))$이라고 하면 이 합동식은 $a^{\phi(m)/d} \equiv 1 \pmod m$일 때 그리고 이 때에만 해를 가진다. 또 이 합동식이 해를 가지는 경우에 이 합동식은 꼭 d개의 해를 가진다.

증명 이제 g를 법 m에 관한 원시근이라 할 때, 주어진 합동식은 다음 합동식과 동치이다.

$$n i_g x \equiv i_g a \pmod{\phi(m)}$$

그런데 이 합동식은 $d | i_g a$일 때 그리고 이 때에만 해를 가지며, 해를 가지는 경우에 꼭 d개의 해를 가진다. 한편 $\phi(m) = de$라고 하면 다음이 성립한다.

$$d | i_g a \Leftrightarrow \phi(m) | e i_g a \Leftrightarrow e\, i_g a \equiv 0 \pmod{\phi(m)}$$
$$\Leftrightarrow i_g a^e \equiv 0 \pmod{\phi(m)} \Leftrightarrow a^e \equiv 1 \pmod m$$

따라서 이 정리는 성립한다. ■

이제 $\mathbb{Z}_m$과 U_m의 대수적 구조를 살펴보고 이 절을 마치려고 한다.

보조정리 2.

두 양의 정수 m, n이 서로 소일 때, $\mathbb{Z}_{mn} \cong \mathbb{Z}_m \times \mathbb{Z}_n$ 이고 $U_{mn} \cong U_m \times U_n$이다.

증명 먼저 정수 a를 양의 정수 m으로 나누었을 때의 나머지를 $(a)_m$으로 나타내자.

즉, $a \equiv (a)_m \pmod{m}$, $(a)_m \in \mathbb{Z}_m$이다.

각 정수 $a \in \mathbb{Z}_{mn}$에 대하여 사상 $f : \mathbb{Z}_{mn} \to \mathbb{Z}_m \times \mathbb{Z}_n$를

$$f(a) = ((a)_m, (a)_n)$$

로 정의하자. $(a)_m \in \mathbb{Z}_m$, $(a)_n \in \mathbb{Z}_n$이므로 f는 잘 정의된 사상이다.

만약 $f(a) = f(b)$이면 $a \equiv b \pmod{m}$, $a \equiv b \pmod{n}$이고 가정에 의해 m, n이 서로소이므로 $a \equiv b \pmod{mn}$ 즉 $\mathbb{Z}_{mn}$에서 $a = b$이다.

임의의 $r \in \mathbb{Z}_m$, $s \in \mathbb{Z}_n$에 대하여 연립합동식

$$x \equiv r \pmod{m}, \ x \equiv s \pmod{n}$$

은 중국인의 나머지 정리에 의해 유일한 해 $x \equiv u \pmod{mn}$을 가진다.

이때, $a = (u)_{mn}$이라고 하면 $a \in \mathbb{Z}_{mn}$, $a \equiv u \pmod{mn}$이고 따라서

$$a \equiv r \pmod{m}, \ a \equiv s \pmod{n}$$

이므로 $f(a) = (r, s)$이다.

따라서 사상 f는 일대일 대응이다. 합동의 성질에 의하여, $\mathbb{Z}_m$에서 $(a+b)_m = (a)_m + (b)_m$이고 $(ab)_m = (a)_m (b)_m$이므로 함수 f는 (환)동형사상(ring-isomorphism)이다. 기호로,

$$\mathbb{Z}_{mn} \cong \mathbb{Z}_m \times \mathbb{Z}_n$$

또한, $a \in U_{mn}$이면 $(a, m) = (a, n) = 1$이고 $a \equiv (a)_m \pmod{m}$, $a \equiv (a)_n \pmod{n}$이므로 $((a)_m, m) = ((a)_n, n) = 1$ 즉 $(a)_m \in U_m$, $(a)_n \in U_n$이다.

그리고 $r \in U_m$, $s \in U_n$이면 $(r, m) = (s, n) = 1$이고 따라서 $(a, m) = (r, m) = 1$, $(a, n) = (s, n) = 1$이므로 $(a, mn) = 1$이다. 즉 $a \in U_{mn}$ 그러므로 사상 f

를 U_{mn}에 제한하면 $f: U_{mn} \to U_m \times U_n$는 (군)동형사상 (group-isomorphism)이 된다. 즉

$$U_{mn} \cong U_m \times U_n$$ ■

다음 정리는 보조정리 2의 결과이다.

정리 2.

m의 표준분해 $m = p_1^{e_1} \cdots p_k^{e_k}$에 대하여
$\mathbb{Z}_m \cong \mathbb{Z}_{p_1^{e_1}} \times \cdots \times \mathbb{Z}_{p_k^{e_k}}$이고 $U_m \cong U_{p_1^{e_1}} \times \cdots \times U_{p_k^{e_k}}$이다.

참고로, $|U_{p^e}| = \phi(p^e) = p^{e-1}(p-1)$이다.($e \geq 1$)또한 5.1절의 따름정리 2에 의해, p가 홀수인 소수일 때, U_{p^e}은 순환군이다. 그리고 5.1절의 연습문제 7에 의해, $U_{2^f} \cong C_2 \times C_{2^{f-2}}$ 이고 $U_2 = 1$이다. 이를 종합해 보면 U_n을 순환군들의 직적으로 표현할 수 있다.

따름정리 1.

$2^f \| n$일 때,
(1) $f \geq 2$이면 $U_n \cong C_2 \times C_{2^{f-2}} \times \prod_{p^e \| n} C_{p^{e-1}(p-1)}$
(2) $f \leq 1$이면 $U_n \cong \prod_{p^e \| n} C_{p^{e-1}(p-1)}$

오일러 정리에 의해, 모든 $a \in U_n$에 대하여 (U_n에서) $a^{\phi(n)} = 1$이다.
참고로 $|U_n| = \phi(n)$

n의 보편지수(universal exponent) $e(n)$은 모든 $a \in U_n$에 대하여 (U_n에서) $a^e = 1$

을 만족하는 최소 양의 정수 e를 말한다. 물론 $e(n)|\phi(n)$ 실제로 보편지수 $e(n)$을 계산하기가 어렵지 않다. 따름정리 1에 의해서 $e(n)$은 $e(2^f)$와 $e(p^e)$의 최소공배수이다. 여기서 $e(p^e)=\phi(p^e)=p^{e-1}(p-1)$이고, 각각 $f \leq 1$, $f=2$, 또는 $f \geq 3$에 따라 $e(2^f)=1,2$, 또는 2^{f-2}이다.

예제 5-2-5

보편지수 $e(784)$를 구하라.

풀이 $784=2^4 \cdot 7^2$이므로 따름정리 1에 의해 $U_{784} \cong C_2 \times C_4 \times C_{42}$이다. 이 군의 위수는 $\phi(784)=2\times 4\times 42=336$이고, $e(784)=[2,4,42]=84$이다.

참고로, 오일러 정리에 의해, 임의의 $a \in U_{784}$에 대하여 $a^{336}=1$이지만 더 강한 결과 $a^{84}=1$이 성립한다.

카마이클 수 n은 합성수로서 모든 $a \in U_n$에 대하여$a^{n-1} \equiv 1 \pmod{n}$을 만족한다. 4.1절의 연습문제 4는 다음과 같다.

n이 제곱인수를 가지지 않으며, n의 임의의 소인수 p에 대하여 $(p-1)|(n-1)$일 때, n은 소수이거나 카마이클 수이다.

이제 4.1절의 연습문제 4의 역을 증명하기 위하여 보편지수 $e(n)$을 이용하자.

정리 3.

n이 카마이클 수일 때, n은 제곱인수를 가지지 않으며, n의 임의의 소인수 p에 대하여 $(p-1)|(n-1)$이다.

증명 카마이클 수의 정의에 의하여, 모든 $a \in U_n$에 대하여$a^{n-1} \equiv 1 \pmod{n}$이므로 $n-1$은 $e(n)$의 배수이다. 어떤 소수 p에 대하여 $p^f \| n$라고 하자.

이제 $f \geq 1$이면, $e(n)$은 $e(p^f) = \phi(p^f) = p^{f-1}(p-1)$의 배수이므로 $(p-1) | (n-1)$이다.
또한 $f > 1$이면, 같은 방법으로 $p | (n-1)$이고, p가 n의 소인수이므로 모순이다.
따라서 n은 제곱인수를 가지지 않는다. ■

정리 3의 증명에서, 카마이클 수 n은 홀수임을 알 수 있다. 왜냐하면, n이 합성수이므로 $n > 2$이고 $e(n)$이 짝수인데 $e(n)$이 $n-1$을 나누기 때문이다.

연습문제(5.2)

1. 합동식 $x^6 \equiv 4 \pmod{23}$의 정수해를 구하라.

2. 합동식 $x^{11} \equiv 7 \pmod{32}$의 정수해를 구하라.

3. U_{520}을 순환군들의 직적으로 표현하고, $e(520)$을 계산하여 11^{123}을 520으로 나누었을 때의 나머지를 구하라.

보충문제(5.2)

1. 카마이클 수는 적어도 3개의 서로 다른 소수의 곱임을 증명하라.

2. 2가 법 59에 관한 원시근임을 이용하여 합동식 $5x^5 \equiv -16 \pmod{59}$의 정수해를 구하라.

3. (1) 홀수인 소수 p에 대하여, 합동식 $x^4 \equiv -1 \pmod{p}$가 해를 갖기 위한 필요충분조건은 $p \equiv 1 \pmod{8}$임을 증명하라.
   (2) (1)을 이용하여 $8k+1$형태의 소수가 무한히 많음을 증명하라.

4. $n \geq 2$일 때, 페르마 수 $2^{2^n}+1$의 소인수는 $2^{n+2}k+1$의 꼴임을 증명하라.

CHAPTER 06

이차잉여 (Quadratic residues)

이 장에서는 이차합동식 $x^2 \equiv a \pmod{m}$이 해를 가지는 지의 여부와 만약 해를 가지면 그 해를 찾는 방법에 관해서 살펴본다. 이 결과를 이용하여 $p \equiv 1 \pmod{4}$인 꼴의 소수가 무한히 많음을 증명할 수 있고, 또한 페르마 소수에 대한 소수판별법을 구할 수 있다.

우리는 이차방정식 $ax^2+bx+c=0$의 근의 공식

$$x = \frac{-b \pm \sqrt{b^2-4ac}}{2a}$$

을 알고 있다.

$a,b,c \in \mathbb{Z}_m$에 대하여 이차방정식 $ax^2+bx+c=0$의 정수해를 구하려면 $2a$가 U_m의 원소이어야 한다. 그래야 $2a$로 나눌 수 있다. 당분간 m이 홀수이고 $a \in U_m$라고 가정하자. 그러면 $4a \in U_m$ 따라서

$$4a^2x^2+4abx+4ac=0$$

이고 좌변을 완전제곱하면

$$(2ax+b)^2 = b^2-4ac$$

$\mathbb{Z}_m$에서 b^2-4ac의 모든 제곱근 s를 구하면, 구하는 해 $x \in \mathbb{Z}_m$는

$$2ax+b=s \text{ 즉 } x=\frac{-b+s}{2a}$$

의 형태이다.

예제 6-1-1

합동식 $5x^2-6x+2\equiv 0 \pmod{13}$의 정수해를 구하여라.

풀이 양변에 20을 곱하면 $100x^2-120x+40\equiv 0 \pmod{13}$

즉 $(10x-6)^2\equiv -4\equiv 9 \pmod{13}$

그러면 $10x-6\equiv \pm 3 \pmod{13}$ 즉 $10x\equiv 9 \pmod{13}$ 혹은 $10x\equiv 3 \pmod{13}$

따라서 $x\equiv 10,12 \pmod{13}$

예를 들어, $\mathbb{Z}_{15}$에서 1과 4는 각각 네 개의 제곱근을 가진다. 즉

$$(\pm 1)^2\equiv (\pm 4)^2\equiv 1 \pmod{15},\ (\pm 2)^2\equiv (\pm 7)^2\equiv 4 \pmod{15}$$

원소 $a\in U_m$에 대하여 $a=s^2$인 $s\in U_m$가 존재할 때 a를 법 m에 관한 이차잉여(quadratic residue)라고 하고, 법 m에 관한 이차잉여 전체의 집합을 Q_m으로 표시하자.

물론 $Q_m\subset U_m$이다. 예를 들어, $Q_7=1,2,4$이고 $Q_8=1$이다.

다음에서 원소 $a\in Q_m$가 몇 개의 제곱근을 가질 수 있는지 살펴보자.

보조정리 1.

m을 나누는 서로 다른 소수의 개수를 k라 하자. $a\in Q_m$일 때, $t^2=a$인 원소 $t\in U_m$의 개수 N은 다음과 같다.

(1) $m\equiv 0 \pmod 8$이면 $N=2^{k+1}$이고,

(2) $m\equiv 0 \pmod 4$이면 $N=2^{k-1}$이고,

(3) 어느 경우도 아니면 $N=2^k$이다.

증명 $a \in Q_m$일 때 $s^2 = a$인 원소 $s \in U_m$가 존재한다. 임의의 $t \in U_m$는 $t = sx$인 $x \in U_m$가 유일하게 존재한다. 따라서 U_m에서 $t^2 = a$일 필요충분조건은 $x^2 = 1$이다. 즉 $t^2 = a$인 원소 $t \in U_m$의 개수 N은 $x^2 = 1$인 원소 $x \in U_m$의 개수와 같다.
3.2절의 예제 6에 의해 N에 대한 결과를 얻는다. ■

참고로, 제곱근의 개수 N은 m에만 의존되고 원소 $a \in Q_m$에는 독립적이다. 더욱이 원소 $a \in Q_m$의 한 제곱근 s를 구하면 U_m에서 $x^2 = 1$의 근들로부터 a의 다른 모든 제곱근들 $t = sx$를 구할 수 있다.

보조정리 2.

Q_m은 U_m의 부분군이다.

증명 먼저 $1 \in U_m$이 $1 = 1^2$이므로 $1 \in Q_m$ 임의의 $a, b \in Q_m$에 대하여 $a = s^2, b = t^2$인 $s, t \in U_m$가 존재하므로 $ab = (st)^2$이고 $st \in U_m$이다. 즉 $ab \in Q_m$ 그리고 임의의 $a \in Q_m$에 대하여 $a = s^2$인 $s \in U_m$가 존재하고, $a, s \in U_m$이므로 $a^{-1}, s^{-1} \in U_m$이다.
따라서 $a^{-1} = (s^{-1})^2$이므로 $a^{-1} \in Q_m$ ■

특별히 U_m이 순환군일 때, 우리는 Q_m에 대해 잘 알 수 있다.

보조정리 3.

법 $m\,(>2)$에 관한 원시근 g가 존재할 때, Q_m은 g^2으로 생성된 위수 $\dfrac{\phi(m)}{2}$인 순환군이다. 즉 $Q_m = \mathrm{g}^2, \mathrm{g}^4, \cdots, \mathrm{g}^{\phi(\mathrm{m})}$.

증명 4.2절의 연습문제 1에 의해 $\phi(m)$은 짝수이다. 임의의 $a \in U_m$는 g^i로 표시한다. ($i = 1, 2, \cdots, \phi(m)$이고 $g^{\phi(m)} = 1$)
만약 i가 짝수이면 $a = g^i = (g^{i/2})^2 \in Q_m$이다. 역으로, $a \in Q_m$이면 $a = (g^j)^2$인 정수 j가 존재해서 $i \equiv 2j \pmod{\phi(m)}$이다. 그런데 $\phi(m)$이 짝수이므로 i가 짝수이다. 따라서 Q_m은 g의 짝수승만으로 구성된다. 결국 Q_m은 g^2으로 생성된 위수 $\dfrac{\phi(m)}{2}$인 순환군이다. ■

예를 들어, $m = 7$일 때, $g = 3$은 원시근이다. U_7에서

$$g = 3,\ g^2 = 2,\ g^3 = 6,\ g^4 = 4,\ g^5 = 5,\ g^6 = 1$$

여기서, 이차잉여 $a = 1, 2, 4$ 즉 $a = g^2, g^4, g^6$이다. 따라서 Q_7은 $g^2 = 2$로 생성된 위수 3의 순환군이다.

이제 $a \in U_m$가 이차잉여인지의 여부를 판단하는 문제를 살펴보자.

p가 홀수인 소수일 때, $(a, p) = 1$인 정수 a에 대하여, 기호 $\left(\dfrac{a}{p}\right)$의 값을 다음과 같이 정의한다.

$a \in Q_p$일 때 (즉 a가 법 p에 관한 이차잉여일 때), $\left(\dfrac{a}{p}\right) = 1$

$a \in U_p \setminus Q_p$일 때 (즉 a가 법 p에 관한 이차잉여가 아닐 때), $\left(\dfrac{a}{p}\right) = -1$

그리고 기호 $\left(\dfrac{a}{p}\right)$를 르장드르 기호(Legendre symbol)라고 한다.

예를 들어, $p = 7$일 때

$$\left(\frac{1}{7}\right) = \left(\frac{2}{7}\right) = \left(\frac{4}{7}\right) = 1,\ \left(\frac{3}{7}\right) = \left(\frac{5}{7}\right) = \left(\frac{6}{7}\right) = -1.$$

5.1절의 따름정리 1에 의해, 법 p에 관한 원시근이 존재한다. 따라서 $a \in U_p$는 $a = g^i$인 정수 i가 존재한다.

따름정리 1.

p가 홀수인 소수이고 g가 법 p에 관한 원시근일 때, $a \in U_p$는 $a = g^i$인 정수 i가 존재하고 $\left(\frac{g^i}{p}\right) = (-1)^i$이다.

증명) $\left(\frac{g^i}{p}\right)$와 $(-1)^i$은 ± 1이다. 보조정리 3에 의해

$$\left(\frac{g^i}{p}\right) = 1 \Leftrightarrow i\text{는 짝수.}$$

그리고

$$(-1)^i = 1 \Leftrightarrow i\text{는 짝수}$$

이므로 증명 끝. ■

다음은 르장드르 기호들끼리 계산할 때 편리한 공식이다.

정리 1.

p가 홀수인 소수일 때, $(a, p) = (b, p) = 1$인 정수 a, b에 대하여 다음이 성립한다.

(1) $\left(\frac{1}{p}\right) = 1$이고, 또 $a \equiv b \pmod p$이면 $\left(\frac{a}{p}\right) = \left(\frac{b}{p}\right)$이다.

(2) $\left(\frac{a}{p}\right) \equiv a^{\frac{p-1}{2}} \pmod p$

[이를 오일러의 규준(Euler's criterion)이라 부른다.]

(3) $\left(\frac{ab}{p}\right) = \left(\frac{a}{p}\right)\left(\frac{b}{p}\right)$특별히, $\left(\frac{a^2}{p}\right) = 1$

증명 (1) $\left(\frac{1}{p}\right) = 1$ 즉 1이 법 p에 관한 이차잉여임은 자명하다. $a \equiv b \pmod p$이면 두 이차합동식

$$x^2 \equiv a \pmod p,\ x^2 \equiv b \pmod p$$

은 동일한 합동식이므로 a와 b는 동시에 이차잉여이거나 동시에 이차잉여가 아니다. 즉 $\left(\frac{a}{p}\right)=\left(\frac{b}{p}\right)$이다.

(2) 원시근 $g \in U_p$에 대하여 $a=g^i$인 정수 i가 존재한다. $h=g^{(p-1)/2}$라고 놓자. 그러면

U_p에서 $h^2=g^{p-1}=1$이고 $h=\pm 1$이다. g의 위수 $p-1$이 $(p-1)/2$보다 크므로, $h=1$일 수 없다. 따라서 $h=-1$이다. 따라서

$$a^{(p-1)/2}=(g^i)^{(p-1)/2}=(g^{(p-1)/2})^i=h^i=(-1)^i=\left(\frac{g^i}{p}\right)=\left(\frac{a}{p}\right)$$

이므로 $\left(\frac{a}{p}\right) \equiv a^{\frac{p-1}{2}} \pmod p$이다.

(3) 원시근 $g \in U_p$에 대하여 $a=g^i$, $b=g^j$인 정수 i, j가 존재한다. $ab=g^{i+j}$이므로

$$\left(\frac{ab}{p}\right)=(-1)^{i+j}=(-1)^i(-1)^j=\left(\frac{a}{p}\right)\left(\frac{b}{p}\right)$$

$\left(\frac{a}{p}\right)$의 값은 1 또는 -1이므로, $\left(\frac{a^2}{p}\right)=\left(\frac{a}{p}\right)^2=1$이다. ■

예를 들어, $p=17$일 때 $-1 \equiv 4^2 \pmod{17}$이므로 $\left(\frac{-1}{17}\right)=1$이다. (3)에 의해 $a \in U_{17}$에 대하여 $\left(\frac{a}{17}\right)=\left(\frac{-1}{17}\right)\left(\frac{-a}{17}\right)=\left(\frac{-a}{17}\right)$이므로

$$a \in Q_{17} \Leftrightarrow -a \in Q_{17}$$

이다. 그러나 $\left(\frac{-a}{p}\right) \neq -\left(\frac{a}{p}\right)$. 즉 $\left(\frac{-1}{17}\right)=1$이고 $-\left(\frac{1}{17}\right)=-1$이다.

예제 6-1-2

5가 법 23에 대한 이차잉여인지 결정하라.

풀이 (2)에 의해, $5^{11}\ (\mathrm{mod}\ 23)$을 계산하자.

$$5^2 \equiv 2,\ 5^{11} = (5^2)^5 \cdot 5 \equiv 2^5 \cdot 5 \equiv 9 \cdot 5 \equiv -1\ (\mathrm{mod}\ 23)$$

이므로 (2)에 의해, $\left(\dfrac{5}{23}\right) = -1$이고 따라서 5는 법 23에 대한 이차잉여가 아니다.

따름정리 2.

p가 홀수인 소수일 때 다음이 성립한다.

(1) $\left(\dfrac{-1}{p}\right) = (-1)^{\frac{p-1}{2}}$

(2) $-1 \in Q_p$일 필요충분조건은 $p \equiv 1\ (\mathrm{mod}\ 4)$이다.

증명 (1) 정리 1에 의해 $\left(\dfrac{-1}{p}\right) \equiv (-1)^{\frac{p-1}{2}}\ (\mathrm{mod}\ p)$이고 $\left(\dfrac{-1}{p}\right)$의 값은 1 또는 -1

이므로 $\left(\dfrac{-1}{p}\right) = (-1)^{\frac{p-1}{2}}$ 이다.

(2) $-1 \in Q_p \Leftrightarrow \dfrac{p-1}{2}$은 짝수, 즉 $p \equiv 1\ (\mathrm{mod}\ 4)$ ■

르장드르 기호의 성질을 이용하면 다음과 같은 꼴의 소수가 무한히 많음을 증명할 수 있다.

정리 2.

$4n+1$의 꼴인 소수가 무한히 많다. 즉 $p \equiv 1\ (\mathrm{mod}\ 4)$인 소수 p가 무한히 많다.

증명 $p \equiv 1\ (\mathrm{mod}\ 4)$인 소수 p가 유한 개만 존재한다고 가정하고 이러한 소수를 $p_1, \cdots, p_k$라고 하자. 이때

$$N=(2p_1 \cdots p_k)^2+1$$

라고 놓으면, N이 홀수이므로 N의 홀수인 소인수 p가 존재한다. 그런데

$$(2p_1 \cdots p_k)^2 \equiv -1 \pmod{p} \text{즉} -1 \in Q_p$$

이므로 $p \equiv 1 \pmod{4}$이다.
가정에 의해, 어떤 $i=1, \cdots, k$에 대하여 $p=p_i$이다. 따라서

$$p \mid [N-(2p_1 \cdots p_k)^2]=1$$

이고 모순이다. 따라서 $p \equiv 1 \pmod{4}$인 소수 p가 무한히 많다. ■

홀수인 소수 p에 대해서, 법 p에 관한 기약잉여계

$$U_p=\{\pm 1, \pm 2, \cdots, \pm(\mathrm{p}-1)/2\}$$

는 다음 두 집합으로 나누어진다.

$$P=\{1, 2, \cdots, (\mathrm{p}-1)/2\}, N=\{-1, -2, \cdots, -(\mathrm{p}-1)/2\}$$

임의의 $a \in U_p$에 대하여

$$aP=\{\mathrm{ax} \mid \mathrm{x} \in \mathrm{P}\}=\{\mathrm{a}, 2\mathrm{a}, \cdots, (\mathrm{p}-1)\mathrm{a}/2\} \subset \mathrm{U_p}$$

다음 정리는 이차잉여를 확인하는 효과적인 방법으로 가우스의 보조정리(Gauss's lemma)라고 한다.

정리 3.

홀수인 소수 p와 $a \in U_p$에 대하여

$$\left(\frac{a}{p}\right)=(-1)^{\mu}, \quad \mu=|aP \cap N|$$

증명 x, y가 P의 서로 다른 두 원소라면 U_p에서 $ax \neq \pm ay$이다. 왜냐하면

$$ax \equiv \pm ay \pmod p \text{이면 } p|a(x \mp y) \text{ 즉 } p|(x \mp y)$$

이지만 x, y가 $P = \{1, 2, \cdots, (p-1)/2\}$의 다른 두 원소이므로 불가능하다.
따라서 aP의 원소는 다음 각 집합에서 하나씩 뽑은 것이다.

$$\{\pm 1\}, \{\pm 2\}, \cdots, \{\pm (p-1)/2\}$$

즉,

$$aP = \{e_i i \mid i = 1, 2, \cdots, (p-1)/2\}, \quad e_i = \pm 1$$

참고로, $e_i i \in P$이면 $e_i = 1$이고 $e_i i \in N$이면 $e_i = -1$이다. U_p에서

$$a^{(p-1)/2}((p-1)/2)! = (\prod_i e_i) \cdot ((p-1)/2)! = (-1)^{\mu}((p-1)/2)!$$

[여기서, $\mu = |aP \cap N|$는 $e_i = -1$인 i의 개수이다.]
단원 $((p-1)/2)!$을 양변에서 소거하면

$$a^{(p-1)/2} \equiv (-1)^{\mu} \pmod p$$

오일러의 규준(정리 1의 (2))에 의해

$$\left(\frac{a}{p}\right) \equiv a^{\frac{p-1}{2}} \pmod p$$

따라서

$$\left(\frac{a}{p}\right) \equiv (-1)^{\mu} \pmod p$$

합동식의 양변이 ± 1이고 $p > 2$이므로 양변은 같다. 즉

$$\left(\frac{a}{p}\right) = (-1)^{\mu}$$

■

예를 들어, $p = 19$일 때 $P = \{1, 2, \cdots, 9\}$이다. $a = 11$을 P의 각 원소에 mod 19로 곱하고 $P \cup N$의 원소로 표현하면 다음을 얻는다.

$$aP = 11P = \{-8, 3, -5, 6, -2, 9, 1, -7, 4\}$$

음인 원소가 4개이므로 정리 3에서 $\mu=4$이고, $\left(\frac{11}{19}\right)=1$ 즉 $11\in Q_{19}$ 사실 $11\equiv 7^2 \pmod{19}$이다.

따름정리 3.

(1) p가 홀수인 소수일 때, $\left(\frac{2}{p}\right)=(-1)^{(p^2-1)/8}$이다.

(2) $2\in Q_p$일 필요충분조건은 $p\equiv \pm 1 \pmod 8$이다.

증명 (1) 정리 3에서 $a=2$일 때,

$$aP=2P=\{2, 4, 6, \cdots, \mathrm{p}-1\}$$

먼저, $p\equiv 1 \pmod 4$일 때

$$2P=\{2, 4, \cdots, (\mathrm{p}-1)/2, (\mathrm{p}+3)/2, \cdots, \mathrm{p}-1\}$$

이고, 앞의 $(p-1)/4$개의 원소 $2, 4, \cdots, (p-1)/2$는 P에 속하고, 뒤의 $(p-1)/4$개의 원소 $(p+3)/2, \cdots, p-3, p-1$은 N에 속한다. 따라서 정리 3에서 $\mu=|2P\cap N|=(p-1)/4$이고 또한 $(p+1)/2$가 홀수이므로

$$\left(\frac{2}{p}\right)=(-1)^{(p-1)/4}=((-1)^{(p-1)/4})^{(p+1)/2}=(-1)^{(p^2-1)/8}$$

이제 $p\equiv -1 \pmod 4$일 때

$$2P=\{2, 4, \cdots, (\mathrm{p}-3)/2, (\mathrm{p}+1)/2, \cdots, \mathrm{p}-1\}$$

이고, 앞의 $(p-3)/4$개의 원소 $2, 4, \cdots, (p-3)/2$는 P에 속하고, 뒤의 $(p+1)/4$개의 원소 $(p+1)/2, \cdots, p-3, p-1$은 N에 속한다. 따라서 정리 3에서 $\mu=|2P\cap N|=(p+1)/4$이고 또한 $(p-1)/2$가 홀수이므로

$$\left(\frac{2}{p}\right)=(-1)^{(p+1)/4}=((-1)^{(p+1)/4})^{(p-1)/2}=(-1)^{(p^2-1)/8}$$

(2) $2\in Q_p \Leftrightarrow \left(\frac{2}{p}\right)=1 \Leftrightarrow (p^2-1)/8$이 짝수 $\Leftrightarrow 16\mid(p^2-1)$

$\Leftrightarrow 16\mid(p-1)(p+1) \Leftrightarrow 8\mid(p-1)$이거나 $8\mid(p+1)$

$\Leftrightarrow p\equiv \pm 1 \pmod 8$ ■

다음 결과는 이차잉여의 상호법칙(Law of Quadratic Reciprocity)이라 불리는 정리로서 1783년 오일러가 가설을 세웠고 1795년 18살의 나이에 가우스가 처음으로 증명했다. 이 정리는 정수론에서 가장 중요한 정리들 중에 하나이고 여러 가지 다른 방법으로 증명을 한 것으로 유명하다.

정리 4.

p, q가 서로 다른 홀수인 소수일 때 다음 등식이 성립한다.

$$\left(\frac{q}{p}\right)\left(\frac{p}{q}\right) = (-1)^{(p-1)(q-1)/4}$$

즉

$$\left(\frac{q}{p}\right) = (-1)^{(p-1)(q-1)/4}\left(\frac{p}{q}\right)$$

증명 $P = \{1, 2, \cdots, (\mathrm{p}-1)/2\} \subset \mathrm{U_p}$, $N = (-1)P$,

$Q = \{1, 2, \cdots, (\mathrm{q}-1)/2\} \subset \mathrm{U_q}$라고 놓자.

정리 3에서 $a = q$로 놓으면

$$\left(\frac{q}{p}\right) = (-1)^{\mu}$$

여기서 $\mu = |qP \cap N|$은 $qx \equiv n \pmod p$, $n \in N$ 을 만족하는 $x \in P$의 개수이다. 즉, 이 합동식은 $qx - py \in N$, $y \in \mathbb{Z}$ 와 동치이고 이를 다시 표현하면 적당한 정수 y에 대하여

$$-\frac{p}{2} < qx - py < 0$$

임의의 $x \in P$에 대하여, 각각의 $y \in \mathbb{Z}$ 에 대한 $qx - py$의 값은 p의 배수만큼 차이가 난다.

따라서 기껏해야 하나의 정수 y에 대해서 부등식 $-p/2 < qx - py < 0$이 성립한다. 만약 그런 정수 y가 존재하면

$$0 < \frac{qx}{p} < y < \frac{qx}{p} + \frac{1}{2}$$

이제 $x \leq (p-1)/2$이므로

$$y < \frac{qx}{p} + \frac{1}{2} < \frac{q(p-1)}{2p} + \frac{1}{2} < \frac{q+1}{2}$$

따라서, $y \in \{1, 2, \cdots, (q-1)/2\} = Q$ 그러므로 여기까지 다음을 증명했다.

μ는 부등식 $-p/2 < qx - py < 0$를 만족하는 순서쌍 $(x, y) \in P \times Q$의 개수이다.

한편 p, q의 역할을 바꾸면,

$$\left(\frac{p}{q}\right) = (-1)^{\nu}$$

이고 ν는 부등식 $-q/2 < py - qx < 0$ 을 만족하는 순서쌍 $(y, x) \in Q \times P$ 의 개수이다.

다시 표현하면 ν는 부등식

$$0 < qx - py < \frac{q}{2}$$

을 만족하는 순서쌍 $(x, y) \in P \times Q$의 개수이다.

따라서

$$\left(\frac{q}{p}\right)\left(\frac{p}{q}\right) = (-1)^{\mu+\nu}$$

이고 $\mu + \nu$는 부등식

$$-\frac{p}{2} < qx - py < 0 \text{나 } 0 < qx - py < \frac{q}{2}$$

을 만족하는 순서쌍 $(x, y) \in P \times Q$의 개수이다.

$(p, q) = 1$이므로 $qx - py = 0$을 만족하는 순서쌍 $(x, y) \in P \times Q$ 가 존재하지 않으므로 위의 부등식은 다음과 같이 간단히 된다.

$$-\frac{p}{2} < qx - py < \frac{q}{2}$$

그림에서 R은 부등식 $1 \leq x \leq (p-1)/2,\ 1 \leq y \leq (q-1)/2$을 만족하는 격자점들의 집합이고 S는 직선 $qx - py = -p/2$ 와 직선 $qx - py = q/2$ 사이에 있는 격자점들의 집합이다.

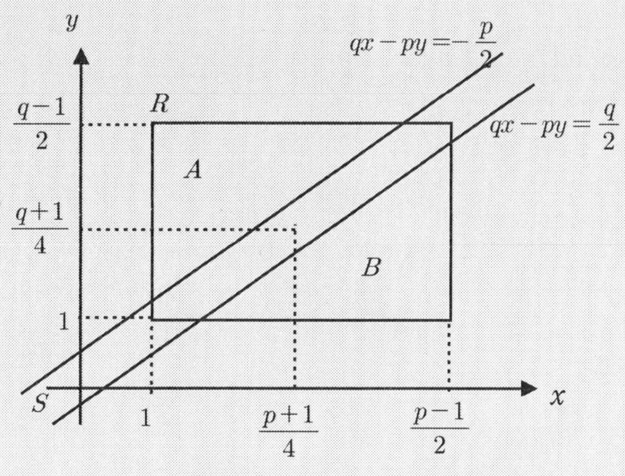

R에서 S위에 있는 격자점들의 집합을 A라 하고, R에서 S아래에 있는 격자점들의 집합을 B라 하고 $\alpha=|A|$, $\beta=|B|$라 하자. 그러면

$$\mu+\nu=|R\cap S|=\frac{(p-1)(q-1)}{4}-(\alpha+\beta)$$

만약 $\alpha=\beta$를 보이면 $\mu+\nu\equiv(p-1)(q-1)/4\pmod 2$이고, 따라서

$$\left(\frac{q}{p}\right)\left(\frac{p}{q}\right)=(-1)^{(p-1)(q-1)/4}$$

R의 중점 $((p+1)/4,(q+1)/4)$을 중심으로 180° 회전시키는 변환 ρ는 다음과 같다.

$$\rho(x,y)=(x',y')=\left(\frac{p+1}{2}-x,\frac{q+1}{2}-y\right)$$

그러면 $\rho(A)=B$이므로 $\alpha=\beta$이다. ■

따름정리 4.

p, q가 서로 다른 홀수인 소수일 때 다음이 성립한다.

(1) $\left(\frac{q}{p}\right)=\left(\frac{p}{q}\right)\Leftrightarrow p\equiv 1\pmod 4$ 또는 $q\equiv 1\pmod 4$

(2) $\left(\frac{q}{p}\right)=-\left(\frac{p}{q}\right) \Leftrightarrow p \equiv q \equiv -1 \pmod 4$

증명 $p \equiv 1 \pmod 4$ 또는 $q \equiv 1 \pmod 4$일 때 $(-1)^{(p-1)(q-1)/4}=1$이고, $p \equiv q \equiv -1 \pmod 4$일 때 $(-1)^{(p-1)(q-1)/4}=-1$이다. 따라서 정리 4에 의하여 따름정리를 얻는다. ■

예제 6-1-3

83이 법 103에 관한 이차잉여인지 결정하라.

풀이

$$\begin{aligned}\left(\frac{83}{103}\right)&=-\left(\frac{103}{83}\right)[\because\ 83 \equiv 103 \equiv -1 \pmod 4\ ]\\&=-\left(\frac{20}{83}\right)[\because 103 \equiv 20 \pmod{83}\ ]\\&=-\left(\frac{2}{83}\right)^2\left(\frac{5}{83}\right)=-\left(\frac{5}{83}\right)=-\left(\frac{83}{5}\right)\\&=-\left(\frac{3}{5}\right)[\because 83 \equiv 3 \pmod 5\ ]\\&=-\left(\frac{5}{3}\right)=-\left(\frac{2}{3}\right)[\because 5 \equiv 2 \pmod 3\ ]\\&=1[\because 2 \notin Q_3\ ]\end{aligned}$$

이므로 83은 법 103에 관한 이차잉여이다. 즉, $83 \in Q_{103}$

(실제로, $83 \equiv 17^2 \pmod{103}$이다.) ■

예제 6-1-4

어떤 소수 p에 대하여 $3 \in Q_p$인지 결정하라.

풀이 $3 \in Q_2$이고 $3 \notin Q_3$이므로, $p > 3$라고 가정해도 좋다.

(1) $p \equiv 1 \pmod 4$이면, $\left(\frac{3}{p}\right)=\left(\frac{p}{3}\right)$

더욱이 $p \equiv 1 \pmod 3$이면 $\left(\frac{p}{3}\right)=1$이고, $p \equiv 2 \pmod 3$이면 $\left(\frac{p}{3}\right)=-1$이다.

따라서 이를 종합해보면 다음과 같다.

$p \equiv 1 \pmod{12} \Rightarrow \left(\frac{3}{p}\right)=\left(\frac{p}{3}\right)=1,$

$p \equiv 5 \pmod{12} \Rightarrow \left(\frac{3}{p}\right)=\left(\frac{p}{3}\right)=-1.$

(2) $p \equiv 3 \pmod 4$이면, $\left(\frac{3}{p}\right)=-\left(\frac{p}{3}\right)$

더욱이 $p \equiv 1 \pmod 3$이면 $\left(\frac{p}{3}\right)=1$이고, $p \equiv 2 \pmod 3$이면 $\left(\frac{p}{3}\right)=-1$이다.

따라서 이를 종합해보면 다음과 같다.

$p \equiv 7 \pmod{12} \Rightarrow \left(\frac{3}{p}\right)=-\left(\frac{p}{3}\right)=-1,$

$p \equiv 11 \pmod{12} \Rightarrow \left(\frac{3}{p}\right)=-\left(\frac{p}{3}\right)=1.$

예제 6-1-5

$385^{1980}+18^{1980}$이 완전제곱수가 아님을 보여라.

풀이 $385 \equiv -5 \pmod{13}$, $18 \equiv 5 \pmod{13}$이므로

$385^{1980}+18^{1980} \equiv (-5)^{1980}+5^{1980}=2\cdot 5^{1980} \pmod{13}$

페르마 정리에 의해 $5^{12} \equiv 1 \pmod{13}$이고 $1980=165\cdot 12$이므로

$385^{1980}+18^{1980} \equiv 2 \pmod{13}$

그러나 2는 법 13에 관한 이차잉여가 아니다.

$\because \left(\frac{2}{p}\right)=(-1)^{(p^2-1)/8}$에서 $\left(\frac{2}{13}\right)=-1$

혹은 $0^2=0$, $1^2=1$, $2^2=4$, $3^2 \equiv -4$, $4^2 \equiv 3$, $5^2 \equiv -1$, $6^2 \equiv -3$이고

$7 \equiv -6$, $8 \equiv -5$, $\cdots$, $12 \equiv -1 \pmod{13}$이므로 $\left(\frac{2}{13}\right)=-1$

다음 정리는 Pepin이 1877년 증명한 페르마 수에 대한 소수판별법이다.

정리 5.

자연수 n에 대하여, 페르마 수 $F_n = 2^{2^n} + 1$이 소수일 필요충분조건은 다음과 같다.

$$3^{(F_n - 1)/2} \equiv -1 \pmod{F_n}$$

증명 2.2절의 연습문제 5에 의해

$$F_n \equiv 5 \pmod{12}$$

이다. 만약 $F_n = p$가 소수라면 예제 4에 의하여

$$3 \notin Q_p$$

그런데 오일러 규준(정리 1)에 의해

$$3^{(p-1)/2} \equiv -1 \pmod{p} \text{ 즉 } 3^{(F_n - 1)/2} \equiv -1 \pmod{F_n}$$

역으로, $3^{(F_n - 1)/2} \equiv -1 \pmod{F_n}$을 가정하자. 양변을 제곱할 때

$3^{F_n - 1} \equiv 1 \pmod{F_n}$ 따라서 F_n의 임의의 소인수에 대하여

$$3^{F_n - 1} \equiv 1 \pmod{p}$$

그러므로 $3 \in U_p$의 위수 m은 $F_n - 1 = 2^{2^n}$을 나눈다. 즉, $m = 2^i$, $i \leq 2^n$

이제

$$3^{2^{n-1}} = 3^{(F_n - 1)/2} \equiv -1 \not\equiv 1 \pmod{p}$$

($\because$ F_n이 홀수이므로 p도 홀수)

이므로 $i = 2^n$ 즉 $m = 2^{2^n} = F_n - 1$ 그러나 m의 정의에 의해, $m \leq p-1$이고

$F_n \leq p$이므로 $F_n = p$ 즉 F_n은 소수이다. ■

참고로, 정리 5의 증명으로부터, $3 \in U_p$의 위수는 $p-1$이므로, 임의의 페르마 소수 p에 대하여 3은 원시근이다.

예를 들어, $n=2$일 때 $F_n = 17$이 소수임을 정리 5를 이용하여 확인하자.

$$3^{(F_n-1)/2} = 3^8 = (3^4)^2 \equiv (-4)^2 \equiv -1 \pmod{17}$$

이므로 정리 5에 의해 17은 소수이다.

이제까지 소수인 법 p에 대한 이차잉여가 무엇인지 살펴보았고, 이제 법 p^e에 대한 이차잉여가 무엇인지 살펴보자.

정리 6.

홀수인 소수 p, 자연수 k, 정수 a에 대하여, 다음이 성립한다.

$$a \in Q_{p^k} \Leftrightarrow a \in Q_p$$

증명 5.1절의 정리 3에 의해, 법 p^k에 대하여 원시근 g가 존재한다. 보조정리 3에 $m=p^k$을 적용하면 Q_{p^k}은 g의 짝수승만으로 구성된다. 또한 U_p의 원소로서 g가 또한 법 p에 관한 원시근이므로, 보조정리 3에 $m=p$를 적용하면 Q_p는 g의 짝수승만으로 구성된다.

따라서 $a \in Q_{p^k} \Leftrightarrow a \in Q_p$ ■

정리 7.

홀수 a에 대하여 다음이 성립한다.

(1) $a \in Q_2$

(2) $a \in Q_4 \Leftrightarrow a \equiv 1 \pmod 4$

(3) $k \geq 3$일 때, $a \in Q_{2^k} \Leftrightarrow a \equiv 1 \pmod 8$

증명 (1) $U_2 = \{1\}$의 원소를 제곱하면 $Q_2 = \{1\}$

(2) $U_4 = \{1, 3\}$ 의 원소를 제곱하면 $Q_4 = \{1\}$

(3) 5.1절의 연습문제 7에 의해 $U_{2^k} = \{\pm 5^{i} | 0 \le i < 2^{k-2}\}$ 이고 이 원소들을 제곱하면 이차잉여는 5의 짝수승이 된다. $5^2 \equiv 1 \pmod 8$이므로 $a \in Q_{2^k}$는 $a \equiv 1 \pmod 8$을 만족한다. ■

예를 들어, $Q_8 = \{1\}$, $Q_{16} = \{1, 9\}$, $Q_{32} = \{1, 9, 17, 25\}$ 이다.

정리 8.

$m = m_1 m_2 \cdots m_k$이고 $m_1, \cdots, m_k$가 쌍마다 서로소일 때 다음이 성립한다.

$$a \in Q_m \Leftrightarrow a \in Q_{m_i} \quad (i = 1, 2, \cdots, k)$$

증명 $a \in Q_m$ 이면 $a \equiv s^2 \pmod m$인 $s \in U_m$가 존재한다. 각각의 i에 대해, $a \equiv s^2 \pmod{m_i}$이고 $(s, m_i) = 1$이므로 $a \in Q_{m_i}$ 역으로, 각각의 i에 대해 $a \in Q_{m_i}$ 이면 $a \equiv s_i^2 \pmod{m_i}$인 $s_i \in U_{m_i}$가 존재한다. 중국인의 나머지 정리에 의해, 모든 i에 대하여 $s \equiv s_i \pmod{m_i}$인 $s \in \mathbb{Z}_m$가 존재한다. 그런데 모든 i에 대하여 $s^2 \equiv s_i^2 \equiv a \pmod{m_i}$ 따라서 $m_1, \cdots, m_k$가 쌍마다 서로소이므로 $s^2 \equiv a \pmod m$ 즉 $a \in Q_m$ 이다. ■

위의 결과는 Q_m의 대수적 구조로서 다음을 의미한다.

$$Q_m \cong Q_{m_1} \times \cdots \times Q_{m_k}$$

이제 임의의 법 m에 대해서 $a \in Q_m$의 여부를 다음 정리에서 얻을 수 있다. 앞에서 증명한 정리 6, 정리 7, 정리 8을 이용하면 되므로 증명은 생략한다.

정리 9.

$a \in U_m$에 대해서 $a \in Q_m$일 필요충분조건은 다음과 같다.

(1) m의 각각의 홀수인 소인수 p에 대하여, $a \in Q_p$

(2) $2^2 \parallel m$일 때 $a \equiv 1 \pmod 4$이고, $2^3 \parallel m$일 때 $a \equiv 1 \pmod 8$이다.

정리 10.

홀수인 소수 p가 $p \equiv 3 \pmod 4$일 때, 이차합동식

$$x^2 \equiv a \pmod p, \quad (a, p) = 1$$

의 해가 존재하면, 이 이차합동식의 두 해는 $x \equiv \pm a^{(p+1)/4} \pmod p$이다.

증명 주어진 이차합동식의 해가 존재하면 오일러의 규준(정리 1)에 의해

$$a^{(p-1)/2} \equiv \left(\frac{a}{p}\right) = 1 \pmod p$$

이다. 따라서

$$(\pm a^{(p+1)/4})^2 = a^{(p+1)/2} = a^{(p-1)/2} a \equiv a \pmod p$$

이므로 $x \equiv \pm a^{(p+1)/4} \pmod p$는 이차합동식 $x^2 \equiv a \pmod p$의 해이다. ■

연습문제(6.1)

1. 합동식 $x^2 - 3x + 2 \equiv 0 \pmod{15}$의 $\mathbb{Z}_{15}$에서의 해를 구하라.

2. 각각의 $m \le 12$에 대하여, Q_m을 구하라.

3. $a \in Q_m$일 때, $t^2 = a$인 원소 $t \in U_m$의 개수 N에 대하여, $|Q_m| = \phi(m)/N$임을 증명하라.

4. $-2 \in Q_p$인 소수 p를 모두 구하라.

5. $-3 \in Q_p$인 소수 p를 모두 구하라.

6. $8n-1$의 꼴인 소수가 많음을 증명하라.

7. $\left(\dfrac{a}{p}\right) = 1$이고 $p = 4k+3$이 소수일 때, 합동식 $x^2 \equiv a \pmod{p}$의 해가$\pm a^{k+1}$임을 증명하라.

8. 연습문제 7을 이용하여 다음 합동식의 해를 구하라.
   (1) $x^2 \equiv 46 \pmod{59}$
   (2) $9x^2 - 24x + 13 \equiv 0 \pmod{59}$

보충문제(6.1)

1. $\mathbb{Z}_{21}$에서 5와 16은 어떤 제곱근을 갖는가? 이차합동식 $x^2+3x+1 \equiv 0 \pmod{21}$과 $x^2+2x-3 \equiv 0 \pmod{21}$의 해를 모두 구하라.

2. Q_{60}의 원소를 그 제곱근과 함께 구하라.

3. Q_{25}의 원소를 원시근을 이용하여 구하라.

4. 219이 법 383에 관한 이차잉여인지 결정하라.

5. (1) 홀수인 소수 p에 대하여, $\sum_{k=1}^{p-1}\left(\frac{k}{p}\right)$의 값을 구하라.

   (2) 소수 $p>3$에 대하여, $\sum_{a \in Q_p} a \equiv 0 \pmod{p}$임을 증명하라.

6. 이차합동식 $x^2 \equiv 7 \pmod{103}$의 해가 존재하는지 판단하고, 존재하면 해를 구하라.

7. 서로 다른 홀수인 소수 p, q에 대하여 법 pq에 대한 기약잉여계 $\mathbb{Z}_{pq}^*$에 있는 법 pq에 대한 이차잉여인 정수의 개수를 구하라.

8. 이차합동식 $x^2 \equiv 8 \pmod{287}$의 모든 해를 구하라.

9. 정수 $n>3$에 대하여, $1!+2!+3!+\cdots+n!$은 완전제곱수가 아님을 증명하라.

10. $p \equiv 3 \pmod 4$인 소수 p에 대하여, $1+x^2=mp$를 만족하는 정수 x, m이 존재하지 않음을 보여라.

11. p가 소수일 때, 다음 방정식은 해가 있음을 보여라.

$$x^8 \equiv 16 \pmod p$$

12. x, y가 정수일 때,

$$\frac{x^2-2}{2y^2+3}$$

은 정수가 될 수 없음을 증명하라.

CHAPTER 07

부정방정식

7.1 제곱수의 합(Sum of squares)

자연수 k에 대하여,

$$S_k = \{ \mathrm{n} \mid \mathrm{n} = \mathrm{x}_1^2 + \cdots + \mathrm{x}_\mathrm{k}^2,\ \mathrm{x}_1, \cdots, \mathrm{x}_\mathrm{k} \in \mathbb{Z} \}$$

라 놓으면 S_k는 k개의 제곱수들의 합으로 이루어진 집합이다.

예를 들어, $S_1 = \{0, 1, 4, 9, \cdots\}$은 모든 제곱수들의 집합이다.

또한 $S_2 = \{0, 1, 2, 4, 5, 8, \cdots\}$이고 $3, 6, 7, \cdots \notin S_2$이다.

보조정리 1.

집합 S_2는 곱셈에 관하여 닫혀있다. 즉, $s, t \in S_2 \Rightarrow st \in S_2$

증명 $s, t \in S_2$ 즉, $s = a_1^2 + b_1^2,\ t = a_2^2 + b_2^2,\ (a_1, a_2, b_1, b_2 \in \mathbb{Z})$일 때

$$(a_1^2 + b_1^2)(a_2^2 + b_2^2) = (a_1a_2 - b_1b_2)^2 + (a_1b_2 + a_2b_1)^2 \qquad (1)$$

이고 $a_1a_2 - b_1b_2,\ a_1b_2 + a_2b_1 \in \mathbb{Z}$ 이므로 $st \in S_2$이다. ■

참고로, 식 (1)은 복소수를 이용하여도 증명할 수 있다.

복소수 $z_1 = a_1 + ib_1$, $z_2 = a_2 + ib_2$ (여기서 $i = \sqrt{-1}$)에서

$$|z_1|^2 = a_1^2 + b_1^2,\ |z_2|^2 = a_2^2 + b_2^2,\ z_1 z_2 = (a_1 a_2 - b_1 b_2) + i(a_1 b_2 + a_2 b_1)$$

이고

$$|z_1 z_2|^2 = |z_1|^2 |z_2|^2$$

이므로 식 (1)을 얻는다.

S_2를 결정하기 위해 먼저 소수를 살펴본다. 즉 모든 정수 $n \geq 2$은 소수들의 곱으로 표현되고 이러한 소수들이 모두 S_2의 원소이면 n도 S_2의 원소이다. 그러나 모든 원소가 S_2의 원소는 아니다. 3이 소수이면서 S_2의 원소가 아닌 최소의 원소이다.

다음 정리(Two squares theorem)는 1640년 페르마가 언급했고, 1754년 오일러가 증명했다.

정리 1.

$p \equiv 1 \pmod 4$의 꼴인 소수는 두 제곱수의 합이다.

증명 6장의 결과에 의해,

$$p \equiv 1 \pmod 4 \text{이면 } -1 \in Q_p$$

즉, $-1 \equiv u^2 \pmod p$인 정수 u가 존재한다. 따라서

$$u^2 + 1 = rp$$

인 정수 r이 존재한다. $0 \leq u \leq p-1$인 u를 선택할 수 있으므로 r의 범위는 $0 < r < p$이다. $rp = u^2 + 1^2 \in S_2$이므로

$$mp \in S_2, \quad 0 < m < p$$

을 만족하는 최소의 정수 m이 존재한다. 만약 $m = 1$이면 $p \in S_2$이어서 정리가 증명된다.

따라서 $m > 1$라고 가정하고 모순을 이끌어내자.

$mp \in S_2$이므로 $mp = a_1^2 + b_1^2$인 정수 a_1, b_1이 존재한다. 그러면

$$a_2 \equiv a_1 \pmod{m},\ b_2 \equiv b_1 \pmod{m},\ |a_2|, |b_2| \le m/2$$

을 만족하는 정수 a_2, b_2에 대하여 $a_2^2 + b_2^2 \equiv a_1^2 + b_1^2 \equiv 0 \pmod{m}$이고 $a_2^2 + b_2^2 = sm$인 정수 s가 존재한다.

$|a_2|, |b_2| \le m/2$이므로 $a_2^2 + b_2^2 \le 2(m/2)^2 = m^2/2$이고 따라서 $s \le m/2 < m$

$s = 0$이면 $a_2^2 + b_2^2 = 0$ 즉 $a_2 = b_2 = 0$이고 $a_1 \equiv b_1 \equiv 0 \pmod{m}$이다. 따라서 m이 a_1, b_1을 나누고, m^2이 $a_1^2 + b_1^2 = mp$을 나누므로 $m > 1$이 소수 p를 나눈다. 이는 모순이다.

그러므로 $0 < s < m$ 이제 $(a_1^2 + b_1^2)(a_2^2 + b_2^2) = mp \cdot sm = m^2 sp$ 와 식 (1)에서 b_1 대신에 $-b_1$을 대입한 식에 의해

$$(a_1a_2 + b_1b_2)^2 + (a_1b_2 - a_2b_1)^2 = m^2 sp$$

이다.

$$a_1a_2 + b_1b_2 \equiv a_2^2 + b_2^2 \equiv 0 \pmod{m},\ a_1b_2 - a_2b_1 \equiv a_2b_2 - a_2b_2 = 0 \pmod{m}$$

이므로

$$\left(\frac{a_1a_2 + b_1b_2}{m}\right)^2 + \left(\frac{a_1b_2 - a_2b_1}{m}\right)^2 = sp$$

이고 $(a_1a_2 + b_1b_2)/m,\ (a_1b_2 - a_2b_1)/m$은 정수이다. 즉 $sp \in S_2$이고 $0 < s < m$ 이므로 m의 최소성에 모순이다. ■

다음에서 임의의 정수가 S_2의 원소일 필요충분조건을 표준분해를 이용하여 표현할 수 있다.

정리 2

양의 정수 n이 두 제곱수의 합일 필요충분조건은 n의 표준분해에서 $q \equiv 3 \pmod 4$의 꼴인 n의 임의의 소인수 q가 짝수승인 것이다.

증명 ($\Leftarrow$) 가정에 의해

$$n = 2^e p_1^{e_1} \cdots p_k^{e_k} (q_1^2)^{f_1} \cdots (q_l^2)^{f_l}$$

이다. 여기서 $p_i \equiv 1 \pmod 4$, $q_j \equiv 3 \pmod 4$이다.

$2 = 1^2 + 1^2 \in S_2$이고, 정리 1에 의해 $p_i \in S_2$이고, $q_j^2 = q_j^2 + 0^2 \in S_2$이다.

따라서 보조정리 1에 의해 $n \in S_2$이다.

($\Rightarrow$) $n \in S_2$이므로 $n = x^2 + y^2$인 정수 x, y가 존재한다. $q \equiv 3 \pmod 4$의 꼴인 n의 임의의 소인수 q에 대하여 $q^f \| n$일 때, 결론을 부정하여 f 가 홀수라고 가정하자. $d = \gcd(x, y)$이면 $x = ad$, $y = bd$, $\gcd(a, b) = 1$인 정수 a, b가 존재해서 $n = (a^2 + b^2)d^2$ 즉 $nd^{-2} = a^2 + b^2$이다.

$q^e \| d$일 때, $q^{f-2e} | nd^{-2}$이다. $f - 2e$가 홀수이고, 따라서 0이 아니므로

$$q | nd^{-2} = a^2 + b^2 \text{ 즉 } a^2 \equiv -b^2 \pmod q$$

이다. 만약 $q|b$이면 $q|a$이어서 $(a,b) = 1$에 모순이다. 따라서 $q \nmid b$ 즉 $b \in U_q$이다. U_q에서 $c = b^{-1}$이면 $(ac)^2 \equiv -1 \pmod q$ 즉 $-1 \in Q_q$이다. 그러나 6장 따름정리 2에서 $q \equiv 3 \pmod 4$는 불가능하다.

따라서 f 는 짝수이다. ■

예를 들어, $30 = 2 \cdot 3 \cdot 5$은 소인수 3이 홀수승이므로 두 제곱수의 합으로 표현되지 않는다. 그러나 $180 = 2^2 \cdot 3^2 \cdot 5$은 소인수 3이 짝수승이므로 두 제곱수의 합으로 표현된다. 실제로 $5 = 2^2 + 1^2$의 양변에 $2^2 \cdot 3^2$을 곱하면

$$180 = (2 \cdot 3 \cdot 2)^2 + (2 \cdot 3 \cdot 1)^2 = 12^2 + 6^2$$

또한, $221 = 13 \cdot 17$은 $13 \equiv 17 \equiv 1 \pmod 4$이므로 두 제곱수의 합으로 표현된다. 실제로 $13 = 3^2 + 2^2$이고 $17 = 4^2 + 1^2$인데 식 (1)을 이용하면

$$221 = (3^2+2^2)(4^2+1^2) = (3 \cdot 4 - 2 \cdot 1)^2 + (3 \cdot 1 + 2 \cdot 4)^2 = 10^2 + 11^2$$

특별한 경우로서 다음 결과는 두 제곱수 정리를 확장시킨 것이다.

따름정리 1.

소수 p가 두 제곱수의 합으로 표현될 필요충분조건은 $p=2$ 또는 $p \equiv 1 \pmod 4$이다.

예제 7-1-1

$n = a^2+b^2+c^2$일 때, $n^2 = x^2+y^2+z^2$임을 보여라. 여기서 a, b, c, x, y, z는 자연수이다.

풀이 $(a^2+b^2+c^2)^2 - (a^2+b^2-c^2)^2 = (2a^2+2b^2)(2c^2) = (2ac)^2 + (2bc)^2$에서

$$(a^2+b^2+c^2)^2 = (a^2+b^2-c^2)^2 + (2ac)^2 + (2bc)^2$$

$a \geq b \geq c$라 가정해도 좋으므로 $a^2+b^2-c^2 > 0$

정수 n이 두 제곱수의 차, 즉 $n = x^2 - y^2$로 표현될 필요충분조건은 $n = rs$, $r \equiv s \pmod 2$인 정수 r, s가 존재하는 것이다. 이를 증명하면 다음과 같다.

$n = x^2 - y^2 = (x+y)(x-y)$이고 $x+y \equiv x-y \pmod 2$이다.

역으로, $n = rs$, $r \equiv s \pmod 2$일 때, $x = (r+s)/2$, $y = (r-s)/2$로 놓으면

$$n = x^2 - y^2, \; x, y \in \mathbb{Z}$$

이다.

이제 두 제곱수의 합과 인수분해를 연결시키면

$$n = x^2 + y^2 = (x+iy)(x-iy), \; i = \sqrt{-1} \in \mathbb{C}$$

역으로 이러한 형태의 인수분해 $n = rs$에 대해

$$x = (r+s)/2, \quad y = (r-s)/2i$$

로 놓으면 $r = x + iy$, $s = x - iy$이다.

가우스 정수(Gaussian integer) 전체의 집합

$$\mathbb{Z}[i] = \{ x + iy \mid x, y \in \mathbb{Z} \}$$

는 덧셈, 뺄셈, 곱셈에 관하여 닫혀있다.

참고로 $\mathbb{Z}[i]$는 환(ring)이다. 그러나 체(field)가 아니다. 왜냐하면 $\mathbb{Z}[i]$의 모든 0이 아닌 원소가 단원인 것은 아니기 때문이다.(연습문제 3 참조.)

또한 $\mathbb{Z}[i]$는 정역(integral domain)이다. 즉 임의의 $r, s \in \mathbb{Z}[i]$에 대해서 $rs = 0$이면 $r = 0$이거나 $s = 0$이다.

이는 $\mathbb{Z}[i]$를 포함하는 $\mathbb{C}$에서 성립하기 때문이다. $\mathbb{Z}[i]$가 정역이어서 소거법칙이 성립한다. 즉, $r_1 s = r_2 s$, $s \neq 0$이면 $r_1 = r_2$이다.

그리고 $\mathbb{Z}[i]$는 유클리드정역(Euclidean domain)이다.

즉, $a = x + iy \in \mathbb{Z}[i]$에 대하여 $d(a) = |a|^2 = x^2 + y^2 \in \mathbb{Z}$로 정의할 때, 다음 세 가지 조건을 만족한다.

(1) $d(a) \geq 0$

(2) 임의의 $a, b \neq 0$에 대하여 $d(ab) \geq d(b)$이고, 등호는 a가 단원일 때 성립한다. 사실, $d(ab) = d(a)d(b)$, $d(a) \geq 1$이고 연습문제 3에 의해, $\mathbb{Z}[i]$의 단원은 $\pm 1, \pm i$ 이다.

(3) $a, b \in \mathbb{Z}[i]$, $b \neq 0$에 대하여

$$a = bq + r \quad [r = 0 \text{ 또는 } d(r) < d(b)]$$

을 만족하는 $q, r \in \mathbb{Z}[i]$가 존재한다.

사실 $a/b = c + id$, $c, d \in \mathbb{Q}$이고 $|m - c| \leq 1/2$, $|n - d| \leq 1/2$을 만족하는 정수 m, n이 존재한다. 그러면

$$a = b(c + id) = b[m + in] + b[(c - m) + i(d - n)] = bq + r$$

즉, $q = m + in \in \mathbb{Z}[i]$, $r = b[(c - m) + i(d - n)]$이고, $r = a - bq$, $a, b, q \in \mathbb{Z}[i]$이므로 $r \in \mathbb{Z}[i]$이다. 그리고

$$d(r) = d(b)\, d((c - m) + i(d - n)) = d(b)[(c - m)^2 + (d - n)^2]$$

$$\leq d(b)[(1/2)^2+(1/2)^2]=d(b)/2<d(b)$$

유클리드 정역 R에 대하여 $a, b \in R$가 $a=bu$인 단원 u가 존재할 때, a, b는 서로 다른 원소의 동반원(associate element)이다. 0이나 단원이 아닌 $a \in R$에 대해서, a의 약수가 단원과 a의 동반원 뿐일 때 a를 기약원(irreducible element)이라 한다. 0이나 단원이 아닌 원소 a가 기약원이 아닐 때, a를 가약원(reducible element)이라 한다.

다음은 유클리드 정역 R에 대하여 정수론의 기본정리를 확장한 정리이다. 일반 대수학 교재에서 증명을 참고할 수 있으므로 여기서 증명은 생략한다.

정리 3.

유클리드 정역 R에 대하여, 0이나 단원이 아닌 $a \in R$는 기약원들의 곱으로 표현되는 데, 순서나 동반원들을 무시하면 그 표현은 유일하다. 즉

$$a=p_1p_2\cdots p_r=q_1q_2\cdots q_s \text{(각각의 } p_i, q_j \text{는 기약원)}$$

일 때, $r=s$이고 (필요시) 재배열하고 밑수(subscript)를 바꾸면 p_i는 q_i의 동반원이다.

$$(i=1, 2, \cdots, r)$$

참고로 $R=\mathbb{Z}$이면 정리 3은 정수론의 기본정리이다. 이제 정리 3을 $\mathbb{Z}[i]$에 적용하기 위하여 $\mathbb{Z}[i]$의 기약원을 살펴보자.

소수 $q \equiv 3 \pmod 4$는 $\mathbb{Z}[i]$에서 기약이다. $q=zw,\ z, w \in \mathbb{Z}[i]$이면 $\mathbb{Z}$에서 $d(z)d(w)=d(q)=q^2$이므로 $d(z)=d(w)=q$이거나 $\{d(z), d(w)\}=\{1, q^2\}$이다.

첫 번째 경우, $z=x+iy$이면 $q=x^2+y^2 \in S_2$이고 따름정리 1에 의해 모순이다. 두 번째 경우, 만약 $d(z)=1$이면 z가 단원이고 q는 기약이다.

반면에 소수 $p=2$ 또는 $p \equiv 1 \pmod 4$는 따름정리 1에 의해 S_2의 원소이다. 즉 $p=x^2+y^2$인 정수 x, y가 존재하고, 따라서 $p=(x+iy)(x-iy)$. 그러면 $x \pm iy$는 기약이다. 왜냐하면 $\mathbb{Z}[i]$에서 $x \pm iy=st$이면 $d(s)d(t)=d(x \pm iy)=p$이므로 $d(s)=1$ 또는 $d(t)=1$ 즉 s나 t가 단원이다.

예를 들어, $2=(1+i)(1-i)$에서 $1 \pm i$가 기약이다. 단원을 곱해보면 4개의 기약원

$\pm 1+i$, $\pm 1-i$을 갖는다. $p \equiv 1 \pmod 4$이면 8개의 기약원 $\pm x \pm iy$, $\pm y \pm ix$을 갖는다.

만약 z가 $\mathbb{Z}[i]$에서 기약원이라 하자. z는 $z\bar{z}=d(z)$를 나누므로 $z|n$인 최소 양의 정수 n이 존재한다. z가 단원이 아니므로 $n>1$이다. n의 최소성에 의해 n은 소수이다.

즉 $n=2$, $n=p \equiv 1 \pmod 4$, $n=q \equiv 3 \pmod 4$. 따라서 $\mathbb{Z}[i]$에서 기약원은 위의 $x \pm iy$와 q 그리고 그들의 동반원뿐이다.

$x^2+y^2=n$을 만족하는 순서쌍 $(x, y) \in \mathbb{Z} \times \mathbb{Z}$의 개수를 $r(n)$으로 표시하자. 그러면 위에서 본 바와 같이 $r(2)=4$, 소수 $p \equiv 1 \pmod 4$에 대하여 $r(p)=8$이다. 또한 따름정리 1에 의해, 소수 $q \equiv 3 \pmod 4$에 대하여 $r(q)=0$이다.

이제 양의 정수 n에 대하여 $r(n)$을 구해보자. n의 소인수분해가

$$n=2^e p_1^{e_1} \cdots p_k^{e_k} q_1^{f_1} \cdots q_l^{f_l}, \quad p_i \equiv 1 \pmod 4, \quad q_j \equiv 3 \pmod 4$$

이다. 그러면

$$n=(1+i)^e (1-i)^e \prod_i \pi_i^{e_i} (\overline{\pi}_i)_i^e \prod_j q_j^{f_j} = i^e (1-i)^{2e} \prod_i \pi_i^{e_i} (\overline{\pi}_i)_i^e \prod_j q_j^{f_j}$$

여기서, $1-i$, π_i, $\overline{\pi}_i$, q_j는 모두 기약원이고 $p_i=\pi_i \overline{\pi}_i (i=1, \cdots, k)$.

$n=x^2+y^2$일 필요충분조건이 $\mathbb{Z}[i]$에서 $n=(x+iy)(x-iy)$이므로 구하는 $r(n)$은 $n=z\bar{z}$인 서로 다른 $z \in \mathbb{Z}[i]$의 개수이다.

만약

$$z=u(1-i)^a \prod_i \pi_i^{a_i} (\overline{\pi}_i)_i^b \prod_j q_j^{c_j}$$

(u는 단원, $0 \le a \le 2e$, $0 \le a_i, b_i \le e_i$, $0 \le c_j \le f_j$)라면

$\bar{z}=\bar{u}(1+i)^a \prod_i (\overline{\pi}_i)^{a_i} \pi_i^{b_i} \prod_j q_j^{c_j} = \bar{u}\, i^a (1-i)^a \prod_i \pi_i^{b_i} (\overline{\pi}_i)_i^a \prod_j q_j^{c_j}$이므로

$$z\bar{z}=i^a (1-i)^{2a} \prod_i \pi_i^{a_i+b_i} (\overline{\pi}_i)^{a_i+b_i} \prod_j q_j^{2c_j}$$

따라서 $n=z\bar{z}$이므로 모든 i, j에 대하여

$$a=e, \; a_i+b_i=e_i, \; 2c_j=f_j$$

를 만족한다. 그러므로 $f_1, \cdots, f_l$ 중에서 적어도 어느 하나가 홀수이면 $r(n)=0$이고 이는 정리 2의 결과이기도 하다.

만약 $f_1, \cdots, f_l$ 모두가 짝수라고 하자. a와 c_j의 값은 n에 의해 결정되었고, 단원 u에는 4가지 경우가 가능하고, a_i, b_i에는 (e_i+1)가지 경우가 가능하다. 따라서

$$r(n) = 4\prod_{i=1}^{k}(e_i+1)$$

예제 7-1-2

$x^2+y^2=30420$을 만족하는 정수의 순서쌍 (x, y)의 개수를 구하고, 그 중에 3개를 구하라.

풀이 $n=30420=2^2 \cdot 5 \cdot 13^2 \cdot 3^2$에서 $r(n)=4(1+1)(2+1)=24$이다.

$n=z\bar{z}$인 z의 형태는 다음과 같다.

$z=u(1-i)^2(2+i)^{a_1}(2-i)^{1-a_1}(3+2i)^{a_2}(3-2i)^{2-a_2} \cdot 3$

여기서 u는 단원이고, $0 \le a_1 \le 1$, $0 \le a_2 \le 2$이다. 또한 $u(1-i)^2 \cdot 3 = 6v$로 놓으면 $v=-iu$는 단원이다. 따라서

$z=x+yi=6v(-2 \pm 29i), 6v(26 \pm 13i), \; 6v(22 \pm 19i)$

이고

$n=12^2+174^2, \; 156^2+78^2, \; 132^2+114^2$

가우스는 $n \in S_3$일 필요충분조건이 $n \neq 4^e(8k+7)$임을 증명하였다. 예를 들어, 7, 15, 23, 28, $\cdots$은 세 제곱수의 합으로 표현될 수 없다.

다음 정리에서 $4^e(8k+7)$꼴의 양의 정수는 세 제곱수의 합으로 표현될 수 없음을 보이자. 그리고 이 정리의 역은 증명을 생략한다.

정리 4.

$n \in S_3 \Rightarrow n \neq 4^e(8k+7)$ [즉, $n = 4^e(8k+7) \Rightarrow n \notin S_3$]

증명 임의의 정수 a에 대하여 $a^2 \equiv 0,1,4 \pmod 8$이므로, $a, b, c \in \mathbb{Z}$ 에 대하여

$$a^2+b^2+c^2 \equiv 0,\ 1,\ 2,\ 3,\ 4,\ 5,\ 6 \pmod 8$$

이고, 따라서 $8k+7 \notin S_3$ 이제 $n \in S_3$이고 n이 4의 배수일 때, $n/4 \in S_3$임을 보이자.

$a, b, c \in \mathbb{Z}$ 에 대하여 $n = a^2+b^2+c^2 \equiv 0 \pmod 4$라면, 임의의 정수 a에 대하여 $a^2 \equiv 0, 1 \pmod 4$이므로, $a^2 \equiv b^2 \equiv c^2 \equiv 0 \pmod 4$ 즉 a, b, c는 짝수이다. 따라서 $n/4 = (a/2)^2+(b/2)^2+(c/2)^2 \in S_3$ 만약 $n = 4^e(8k+7) \in S_3$라면 $4^{e-1}(8k+7) \in S_3$이고 반복해서 적용하면 결국 $(8k+7) \in S_3$를 얻는다. 이는 모순이다. ■

보조정리 2.

집합 S_4는 곱셈에 관하여 닫혀있다. 즉, $s, t \in S_4 \Rightarrow st \in S_4$

증명

$$\begin{aligned}&(a_1^2+b_1^2+c_1^2+d_1^2)(a_2^2+b_2^2+c_2^2+d_2^2)\\ &= (a_1a_2-b_1b_2-c_1c_2-d_1d_2)^2+(a_1b_2+b_1a_2+c_1d_2-d_1c_2)^2\\ &\quad +(a_1c_2-b_1d_2+c_1a_2+d_1b_2)^2+(a_1d_2+b_1c_2-c_1b_2+d_1a_2)^2 \qquad (2)\end{aligned}$$

■

참고로, 공식 (1)를 유도하는데 복소수를 이용했듯이, 공식 (2)를 유도하는데 수학자 해밀턴(Hamilton)이 명명한, 사원수(quaternion)를 이용하자.

$q = (a, b, c, d) \in \mathbb{R}^4$에 대하여 사원수 $q = a+bi+cj+dk$를 대응시키는데 다음을 만족한다.

$$i^2 = j^2 = k^2 = -1,\ ij = k = -ji,\ jk = i = -kj,\ ki = j = -ik$$

그리고 $\bar{q} = a - bi - cj - dk$일 때,

$$|q|^2 = q\bar{q} = a^2 + b^2 + c^2 + d^2$$

그러면 $q_1 = a_1 + b_1 i + c_1 j + d_1 k$과 $q_2 = a_2 + b_2 i + c_2 j + d_2 k$에 대하여

$$|q_1|^2 |q_2|^2 = |q_1 q_2|^2$$

은 공식 (2)이다.

다음 정리는 1770년 Lagrange가 증명한 네 제곱수 정리(Four Squares Theorem)이다.

정리 5.

모든 음이 아닌 정수는 네 제곱수의 합으로 나타내어진다.

증명 $0, 1, 2 \in S_4$이므로 (2)에 의해 모든 홀수인 소수 p가 S_4에 있음을 증명하면 된다. 먼저, p의 어떤 양의 정수배가 S_4에 있음을 보이자.

$\mathbb{Z}_p^* = \{1, 2, \cdots, \mathrm{p}-1\}$의 원소 중에 $\dfrac{p-1}{2}$개의 이차잉여가 있으므로, 집합

$K = \{\mathrm{z} \in \mathbb{Z}_\mathrm{p} \mid \mathrm{z} = \mathrm{k}^2, \mathrm{k} \in \mathbb{Z}_\mathrm{p}\}$는 $\dfrac{p+1}{2}$개의 원소를 가진다. 같은 방법으로 집합

$L = \{\mathrm{z} \in \mathbb{Z}_\mathrm{p} \mid \mathrm{z} = -1 - \mathrm{l}^2, \mathrm{l} \in \mathbb{Z}_\mathrm{p}\}$도 $\dfrac{p+1}{2}$개의 원소를 가진다. 집합 K, L이

각각 $\mathbb{Z}_p$의 원소의 반을 넘게 가지므로, $K \cap L \neq \varnothing$ 따라서

$$u^2 \equiv -1 - v^2 \pmod{p} \text{ 즉 } u^2 + v^2 + 1 = rp \ (r \in \mathbb{Z})$$

인 정수 u, v가 존재한다. $u^2 + v^2 + 1 = u^2 + v^2 + 1^2 + 0^2$이므로 p의 어떤 양의 정수배 rp가 S_4에 있다. $|u|, |v| \leq p/2$라고 가정해도 되므로 $r < p$따라서

$$mp \in S_4 \text{ 즉 } mp = a_1^2 + b_1^2 + c_1^2 + d_1^2$$

인 최소 양의 정수 $m < p$이 존재한다. $m = 1$이면 증명하고자 하는 $p \in S_4$이므로 이제 $m > 1$라고 가정하자.

$a_2 \equiv a_1 \pmod m, b_2 \equiv b_1 \pmod m, c_2 \equiv c_1 \pmod m, d_2 \equiv d_1 \pmod m,$
$|a_2|, |b_2|, |c_2|, |d_2| \le m/2$
을 만족하는 정수 a_2, b_2, c_2, d_2에 대하여

$$a_2^2 + b_2^2 + c_2^2 + d_2^2 \equiv a_1^2 + b_1^2 + c_1^2 + d_1^2 \equiv 0 \pmod m$$

이고

$$a_2^2 + b_2^2 + c_2^2 + d_2^2 = sm$$

인 정수 s가 존재한다.

$|a_2|, |b_2|, |c_2|, |d_2| \le m/2$이므로 $a_2^2 + b_2^2 + c_2^2 + d_2^2 \le 4(m/2)^2 = m^2$이고 따라서 $s \le m$ 만약 m이 홀수라면 $|a_2|, |b_2|, |c_2|, |d_2| < m/2$이어서 $s < m$ 그러므로 m을 짝수라 하고 모순을 이끌어내자. a_1, b_1, c_1, d_1중에 0개, 2개, 혹은 4개가 홀수다. 그러므로 $a_1 \pm b_1$과 $c_1 \pm d_1$가 둘 다 짝수라고 가정해도 된다.

$$\left(\frac{a_1+b_1}{2}\right)^2 + \left(\frac{a_1-b_1}{2}\right)^2 + \left(\frac{c_1+d_1}{2}\right)^2 + \left(\frac{c_1-d_1}{2}\right)^2 = \frac{a_1^2+b_1^2+c_1^2+d_1^2}{2} = \frac{mp}{2}$$

이므로 m의 최소성에 모순이다. 따라서 m은 홀수이고 $s < m$ 이제 $s > 0$를 보이자.
$s = 0$이면 $a_2^2 + b_2^2 + c_2^2 + d_2^2 = 0$ 즉 $a_2 = b_2 = c_2 = d_2 = 0$이고
$a_1 \equiv b_1 \equiv c_1 \equiv d_1 \equiv 0 \pmod m$이다. 따라서 m이 a_1, b_1, c_1, d_1을 나누고, m^2이 $a_1^2 + b_1^2 + c_1^2 + d_1^2 = mp$을 나누므로 $m > 1$이 소수 p를 나눈다. 이는 모순이다.
그러므로 $0 < s < m$
이제 $(a_1^2 + b_1^2 + c_1^2 + d_1^2)(a_2^2 + b_2^2 + c_2^2 + d_2^2) = mp \cdot sm = m^2 sp$ 와 식 (2)에서

$$m^2 sp = (a_1a_2 - b_1b_2 - c_1c_2 - d_1d_2)^2 + (a_1b_2 + b_1a_2 + c_1d_2 - d_1c_2)^2$$
$$+ (a_1c_2 - b_1d_2 + c_1a_2 + d_1b_2)^2 + (a_1d_2 + b_1c_2 - c_1b_2 + d_1a_2)^2$$

따라서

$$a_1a_2 + b_1b_2 + c_1c_2 + d_1d_2 \equiv a_2^2 + b_2^2 + c_2^2 + d_2^2 \equiv 0 \pmod m,$$
$$a_1b_2 - b_1a_2 - c_1d_2 + d_1c_2 \equiv a_2b_2 - b_2a_2 - c_2d_2 + d_2c_2 = 0 \pmod m$$

$$a_1c_2 + b_1d_2 - c_1a_2 - d_1b_2 \equiv a_2c_2 + b_2d_2 - c_2a_2 - d_2b_2 = 0 \pmod{m}$$
$$a_1d_2 - b_1c_2 + c_1b_2 - d_1a_2 \equiv a_2d_2 - b_2c_2 + c_2b_2 - d_2a_2 = 0 \pmod{m}$$

이므로

$$sp = \left(\frac{a_1a_2 + b_1b_2 + c_1c_2 + d_1d_2}{m}\right)^2 + \left(\frac{a_1b_2 - b_1a_2 - c_1d_2 + d_1c_2}{m}\right)^2 + \left(\frac{a_1c_2 + b_1d_2 - c_1a_2 - d_1b_2}{m}\right)^2 + \left(\frac{a_1d_2 - b_1c_2 + c_1b_2 - d_1a_2}{m}\right)^2$$

이다. 즉 $sp \in S_4$이고 $0 < s < m$이므로 m의 최소성에 모순이다. ■

연습문제(7. 1)

1. 다음 정수들이 두 제곱수의 합인지(이 경우, 두 제곱수의 합으로 표현하라), 아닌지를 결정하라.

$$130,\ 260,\ 847,\ 980,\ 1073$$

2. 방정식 $x^2+y^2=50$을 만족하는 순서쌍 $(x,\ y)\in \mathbb{Z}\times\mathbb{Z}$를 모두 구하라.

3. $u\in\mathbb{Z}[i]$에 대하여 다음은 동치이다.
   (1) u는 $\mathbb{Z}[i]$에서 단원이다.
   (2) $d(u)=1$
   (3) $u=\pm 1,\ \pm i$

4. $x^2+y^2=221$을 만족하는 정수의 순서쌍 $(x,\ y)$를 모두 구하라.

5. 자연수 14나 11을 세 제곱수의 합으로 표현할 수 있는 경우의 수를 구하라.

6. 자연수 28을 네 제곱수의 합으로 표현할 수 있는 경우의 수를 구하라.

7. 만약 연속한 두 수의 세제곱수의 차가 어떤 수의 제곱이라면, 그 수는 연속한 두 수의 제곱수의 합임을 보여라.

보충문제(7.1)

1. 459를 네 제곱수의 합으로 표현하라.

2. 459를 네 제곱수의 합으로 표현하라.

3. (1) $9k+4$나 $9k+5$ 꼴의 수는 3개 이하의 세제곱수의 합으로 표현될 수 없음을 증명하라.
   (2) 두 세제곱수의 합으로 표현되는 모든 소수를 구하라.
   (3) 소수 p가 두 세제곱수의 차로 표현되기 위한 필요충분조건은 어떤 자연수 k에 대하여 $p=3k(k+1)+1$

4. $3m$이 네 제곱수의 합이면 m도 네 제곱수의 합임을 증명하라.

5. 21은 두 유리수의 제곱의 합으로 표현될 수 없음을 증명하라.

6. 홀수인 소수 p가 $2a^2+b^2$의 형태이면, $p \equiv 1, 3 \pmod 8$임을 증명하라.

7. n이 양의 정수이고 $n \equiv 3 (\text{mod}9)$ 또는 $n \equiv 6 (\text{mod}9)$일 때, n은 두 제곱수들의 합으로 표시할 수 없음을 증명하라.

7.2 페르마의 마지막 정리(Fermat's Last Theorem)

페르마의 마지막 정리는 페르마(Pierre de Fermat)가 1637년경 어떤 수학책의 여백에 적어 놓았던 것으로 1993년 와일즈(Andrew Wiles)가 증명하였다.

정리 1. [페르마의 마지막 정리]

$n \geq 3$에 대하여, 방정식

$$a^n + b^n = c^n$$

의 양의 정수해 a, b, c가 존재하지 않는다.

고전 기하학에서 가장 유명한 정리 중에 하나인 피타고라스 정리(Pythagoras's Theorem)가 있다. 즉 직각삼각형의 세 변 a, b, c (c가 빗변)는 $a^2 + b^2 = c^2$을 만족한다.

또한 피타고라스 정리의 역도 성립한다. 즉, $a^2 + b^2 = c^2$을 만족하는 세 양수 a, b, c에 대하여, 세 변이 a, b, c인 직각삼각형이 존재한다.

이제 식 $a^2 + b^2 = c^2$의 정수해를 찾는 문제를 살펴보겠다.

$a^2 + b^2 = c^2$을 만족하는 세 양의 정수 a, b, c를 피타고라스의 세 수(Pythagorean triple)라고 한다. 예를 들어, $(3, 4, 5)$, $(5, 12, 13)$은 피타고라스의 세 수이다.

특히 $(a, b) = 1$일 때, a, b, c를 원시적인(primitive) 피타고라스의 세 수라고 부른다. $(6, 8, 10)$은 피타고라스의 세 수이지만 원시적은 아니다.

정리 2.

피타고라스의 세 수 (a, a, c)가 존재하지 않음을 보여라.

증명 **결론을 부정하여, 피타고라스의 세 수 (a, a, c)가 존재한다고 가정하자.**

즉 $c^2 = 2a^2$. c^2가 짝수이므로 c가 짝수이다. 즉 $c = 2c_1$ ($c_1 \in \mathbb{Z}$).

따라서 $a^2 = 2c_1^2$.

a^2이 짝수이므로 a가 짝수이다. 즉 $a = 2a_1 \, (a_1 \in \mathbb{Z})$. 따라서 $c_1^2 = 2a_1^2$.

즉 (a_1, a_1, c_1)은 피타고라스의 세 수이고 $a_1 < a,\ c_1 < c$이다.

같은 과정을 반복하면 순감소수열 $a > a_1 > a_2 > \cdots > 0$을 얻는데 이는 불가능하다.

■

참고로, 정리 2의 증명방법을 페르마의 내림방법(Fermat's method of decent)이라 한다. 만약 $\sqrt{2} = \dfrac{c}{a}$ $(a, c \in \mathbb{Z})$이면 $c^2 = 2a^2$이므로 예제 1의 결과로 $\sqrt{2}$는 무리수임을 알 수 있다.

이제 원시적인 피타고라스의 세 수가 어떤 형태인지 알아보자.

정리 3.

u, v $(u > v)$는 서로소이며 둘 중에서 하나는 짝수이고 다른 하나는 홀수일 때,

$$a = u^2 - v^2,\ b = 2uv,\ c = u^2 + v^2 \cdots \ (*)$$

는 원시적인 피타고라스의 세 수이다.
역으로, 원시적인 피타고라스의 세 수 (a, b, c)는 $(*)$의 꼴이다.
(여기서 a와 b는 서로 바뀔 수 있다.)

증명 $(*)$에 있는 a, b, c는 양의 정수이고

$$(u^2 - v^2)^2 + (2uv)^2 = (u^2 + v^2)^2$$

이므로 (a, b, c)는 피타고라스의 세 수이다. 만약 (a, b, c)가 원시적이 아니라면 a, b는 모두 어떤 소수 p로 나누어진다. $p = 2$이면 $a = u^2 - v^2$가 짝수이고 u, v는 둘 다 짝수이거나 둘 다 홀수이므로 모순이다. p가 홀수이면 $(a+c)/2 = u^2$이 p로 나누어지고, u도 p로 나누어진다. 또한 $u^2 - a = v^2$이 p로 나누어지고, v도 p로 나누어진다. 이는 u, v가 서로소인 사실에 모순이다. 따라서 (a, b, c)는 원시적이다.

역으로, (a, b, c)가 원시적인 피타고라스의 세 수라고 가정하자. $(a, b)=1$이므로 a, b가 둘 다 짝수일 수 없다. 한편 a,b가 둘 다 홀수라고 가정하면 $a^2 \equiv b^2 \equiv 1 \pmod 4$이므로 $c^2 = a^2+b^2 \equiv 2 \pmod 4$이어야 하나, 실제로는 임의의 정수 c에 대하여 $c^2 \equiv 0,1 \pmod 4$이다. 따라서 a와 b 둘 중에 하나는 홀수이고 다른 하나는 짝수이다. a가 홀수, $b=2d$가 짝수라고 가정해도 무방하다. 그러면 $4d^2 = b^2 = c^2 - a^2 = (c+a)(c-a)$이고 $c \pm a$중에서 어느 하나가 짝수인데 둘의 차가 $2a$이므로 둘 다 짝수이다. 따라서

$$d^2 = \left(\frac{c+a}{2}\right)\left(\frac{c-a}{2}\right), \quad \frac{c \pm a}{2} \in \mathbb{Z}.$$

그런데 $\frac{c+a}{2}$, $\frac{c-a}{2}$가 서로소이다. 왜냐하면, 둘의 공약수 d가 둘의 합 c와 둘의 차 a를 나누는데 $(a,c)=1$ [$\because$ $p|a$, $p|c$인 소수 p가 존재한다고 가정하면,

$$p|(c^2-a^2)=b^2$$

이고 $p|b$이지만 $(a, b)=1$이므로 모순이다.] 이므로 $d=1$이다. 따라서

$$\frac{c+a}{2} = u^2, \quad \frac{c-a}{2} = v^2$$

인 양의 정수 u, v가 존재하고

$$c = u^2+v^2, \ a = u^2 - v^2$$

그리고 $b=2d, \ d^2 = u^2v^2$에서

$$b = 2uv$$

결국 $(u, v)=1$이다. 그리고 a가 홀수인 양수이므로, $u > v$ 이고 u, v 둘 중에 하나는 짝수이고 다른 하나는 홀수이다. ■

정리 4.

방정식 $x^4 + y^4 = z^2$의 양의 정수해 x, y, z가 존재하지 않는다.

증명 주어진 방정식의 양의 정수해 중에서 z의 값이 가장 작은 해를

$$x = a,\ y = b,\ z = c$$

라고 하자. 정수의 정렬성에 의해 이와 같은 정수해는 존재한다.

$p|a,\ p|b$인 소수 p가 존재하면 $p^4|c^2$ 즉 $p^2|c$이다. 그러나

$$\left(\frac{a}{p}\right)^4 + \left(\frac{b}{p}\right)^4 = \left(\frac{c}{p^2}\right)^2, \quad \frac{c}{p^2} < c$$

이므로 c의 최소성에 모순이다. 따라서 $(a,b)=1$.

$(a^2,b^2)=1$이고 $(a^2)^2+(b^2)^2=c^2$이므로 $a^2,\ b^2,\ c$는 원시적인 피타고라스의 세 수이고 다음을 얻는다.(필요하다면 a와 b의 역할을 서로 바꾼다.)

$$a^2 = u^2 - v^2,\ b^2 = 2uv,\ c = u^2 + v^2$$

여기서 $u,\ v$는 $(u,\ v)=1,\ u>v,\ u \not\equiv v \pmod 2$인 정수이다.

$a^2+v^2=u^2,\ (u,\ v)=1$이므로 $(a,\ v)=1$이다. 따라서 $a,\ v,\ u$는 원시적인 피타고라스의 세 수이고 특히 a는 홀수이므로 다음을 얻는다.

$$a^2 = r^2 - s^2,\ v^2 = 2rs,\ u = r^2 + s^2$$

여기서 $r,\ s$는 $(r,\ s)=1,\ r>s,\ r \not\equiv s \pmod 2$인 정수이다.

한편 v가 짝수이고 $(u,\ v)=1$이므로 u는 홀수이다. 따라서

$$(u,\ 2v)=1,\ \ b^2 = u(2v)$$

이므로, $u=c_1^2,\ 2v=x^2$인 양의 정수 $c_1,\ x$가 존재한다. 여기서 x는 짝수이므로 $x=2y$인 양의 정수 y가 존재하고 이 때 다음이 성립한다.

$$y^2 = \frac{v}{2} = rs,\ \ (r,\ s)=1$$

다시 $r=a_1^2,\ s=b_1^2$인 양의 정수 $a_1,\ b_1$이 존재하고 다음 등식이 성립한다.

$$a_1^4 + b_1^4 = r^2 + s^2 = u = c_1^2$$

한편 $(r,\ s)=1$이므로 $(a_1,\ b_1)=1$이고

$$c_1 \le c_1^4 = u^2 < u^2 + v^2 = c$$

이다. 따라서 $x=a_1,\ y=b_1,\ z=c_1$이 주어진 방정식의 양의 정수해이고 $c_1 < c$이므로 c의 최소성에 모순이 생긴다. 그러므로 방정식 $x^4+y^4=z^2$의 양의 정수해 x, y, z는 존재하지 않는다. ■

따름정리 1.

방정식 $a^4+b^4=c^4$의 양의 정수해 a, b, c가 존재하지 않는다.

증명 만약 해가 존재한다면 $x=a,\ y=b,\ z=c^2$은 정리 4에 있는 방정식의 해가 되므로 모순이다. ■

따름정리 2.

n이 4의 배수일 때, 방정식 $a^n+b^n=c^n$의 양의 정수해 a, b, c가 존재하지 않는다.

증명 해가 존재한다고 가정하자. $n=4m,\ (m\in\mathbb{Z})$일 때

$$(a^m)^4+(b^m)^4=(c^m)^4$$

이므로 $(a^m,\ b^m,\ c^m)$은 따름정리 1의 방정식의 해가 되고 모순이다. ■

연습문제(7.2)

1. $(a,b)=1$일 때, $(ab,\ a^2+b^2)=1$을 증명하라.

2. 방정식 $x^4-y^4=z^2$의 양의 정수해 $x,\ y,\ z$는 존재하지 않음을 증명하라.

3. 피타고라스의 세 수를 변으로 가지는 직각삼각형의 넓이는 완전제곱수가 될 수 없음을 증명하라.

4. $\sqrt{3}$이 무리수임을 페르마의 내림방법을 써서 증명하라.

5. 세 정수 $a,\ b,\ c$가 원시적인 피타고라스의 세 수일 때, $a,\ b,\ c$ 중에서 꼭 하나만이 5의 배수임을 증명하라.

6. 방정식 $x^2+y^2=z^2$의 정수해가 $(x,\ y,\ z)$일 때, $x,\ y,\ z$ 중 하나가
   (1) 3의 배수임을 보여라.
   (2) 4의 배수임을 보여라.

7. $x^2,\ z^2,\ y^2$이 등차수열을 이루는 서로소인 $x,\ z,\ y$가 무한히 많음을 보여라.

보충문제(7.2)

1. $\sqrt{5}$가 무리수임을 페르마의 내림방법을 써서 증명하라.

2. 피타고라스의 세 수 중에 1이나 2는 나타나지 않고 모든 3이상의 정수는 나타날 수 있음을 증명하라.

3. 임의의 정수 k에 대하여, k를 포함하는 피타고라스의 세 수는 유한 개만 있음을 증명하라.

4. 정수 $k \le 7$를 포함하는 피타고라스의 세 수를 모두 구하라.

5. $40 \le z \le 50$인피타고라스의 세 수 (x, y, z)를 모두 구하라.

6. 피타고라스의 세 수 (x, y, z)에 대하여 xyz는 60의 배수임을 증명하라.

7. $\{(3\mathrm{k}, 4\mathrm{k}, 5\mathrm{k}) \mid \mathrm{k} \ge 1\}$만이 등차수열인 피타고라스의 세 수임을 증명하라.

8. 넓이와 둘레의 길이가 같은 정수를 변의 길이로 가지는 모든 직각삼각형을 구하라.

9. $n \ge 3$일 때, 피타고라스의 세 수 (x, y, z)는 $x^n + y^n = z^n$의 해가 될 수 없음을 증명하라.

10. 방정식 $x^4 - 2y^2 = 1$은 양의 정수해를 갖지 않음을 증명하라.

7.3 부정방정식

수학 경시대회에서 자주 볼 수 있는 부정방정식 문제를 살펴보자.

예제 7-3-1

방정식 $x^2+y^2+z^2=2xyz$의 정수해를 모두 구하여라.

풀이 1. $(x, y, z) \neq (0, 0, 0)$를 정수해라 하자. x, y, z를 나누는 2의 최대 지수를 k라 하면 $x=2^k x_1$, $y=2^k y_1$, $z=2^k z_1$으로 놓을 수 있다.

이제 $x_1^2+y_1^2+z_1^2=2^{k+1}x_1y_1z_1$의 우변이 짝수이고 좌변의 세 항이 모두 짝수는 아니므로 한 항만 짝수다. 일반성을 잃지 않고 $x_1=2x_2$, y_1, z_1은 홀수라고 가정하자.

그러면 $y_1^2+z_1^2=2^{k+2}x_2y_1z_1-4x_2^2 \equiv 0 \pmod{4}$

그러나 $y_1^2+z_1^2=2 \pmod{4}$이므로 모순이다.

따라서 구하는 정수해는 $(x, y, z)=(0, 0, 0)$ 뿐이다.

풀이 2. 무한내림법(infinite descent)을 이용한다.

좌변은 한 항만 짝수이거나 세 항 모두 짝수이다. 한 항만 짝수이면 우변이 4의 배수이고

좌변이 단지 2의 배수이므로 모순이다. 따라서 세 항 모두 짝수이다.

$x=2x_1$, $y=2y_1$, $z=2z_1$로 놓으면 $x_1^2+y_1^2+z_1^2=4x_1y_1z_1$

같은 방법으로 $x_1=2x_2$, $y_1=2y_2$, $z_1=2z_2$로 놓으면

$x_2^2+y_2^2+z_2^2=8x_2y_2z_2$

같은 방법으로 $x=2x_1=2^2x_2=2^3x_3=\cdots=2^nx_n=\cdots$

$y = 2y_1 = 2^2 y_2 = 2^3 y_3 = \cdots = 2^n y_n = \cdots$

$z = 2z_1 = 2^2 z_2 = 2^3 z_3 = \cdots = 2^n z_n = \cdots$

즉 (x, y, z)가 정수해이면, 모든 n에 대하여 x, y, z는 2^n의 배수이므로, 그런 경우는 오직

$x = y = z = 0$일 때뿐이다.

예제 7-3-2

방정식 $x^2 + y^2 + z^2 = x^3 + y^3 + z^3$이 무한히 많은 정수해를 가짐을 보여라.

풀이 $z = -x$이면 $2x^2 + y^2 = y^3$ 즉 $2x^2 = (y-1)y^2$따라서 $\dfrac{y-1}{2} = t^2$으로 놓자.

그러면 $y = 2t^2 + 1$, $x = ty = t(2t^2 + 1)$그러므로 임의의 정수 t에 대하여

$(x,\ y,\ z) = (t(2t^2 + 1),\ 2t^2 + 1,\ -t(2t^2 + 1))$

은 주어진 방정식의 정수해이다.

예제 7-3-3

방정식 $x^3 + 8x^2 - 6x + 8 = y^3$의 음이 아닌 정수해를 모두 구하여라.

풀이 $y^3 - (x+1)^3 = 5x^2 - 9x + 7 > 0$, $(x+3)^3 - y^3 = x^2 + 33x + 19 > 0$

즉 $x + 1 < y < x + 3$그런데 x, y가 정수이므로 $y = x + 2$따라서 $2x(x - 9) = 0$

구하는 답은 $(x,\ y) = (0,\ 2), (9,\ 11)$

예제 7-3-4

$x+y,\ 2x+y,\ x+2y$가 완전제곱수인 자연수 $x,\ y$가 존재하는가?

풀이 $x+y=a^2,\ 2x+y=b^2,\ x+2y=c^2$로 놓자. 마지막 두 방정식을 더하면

$3a^2=b^2+c^2 \cdots (*)$

$n^2 \equiv 0,\ 1\ (\mathrm{mod} 3)$이므로 $b,\ c$는 모두 3의 배수이고 따라서 a도 3의 배수이다.

$\left(\frac{a}{3},\ \frac{b}{3},\ \frac{c}{3}\right)$도 $(*)$를 만족하므로 무한내림법에 의해 $(0,\ 0,\ 0)$만이 $(*)$의 해이다.

따라서 $x+y,\ 2x+y,\ x+2y$가 완전제곱수인 자연수 $x,\ y$가 존재하지 않는다.

연습문제(7.3)

1. $\dfrac{1}{x}+\dfrac{1}{y}=\dfrac{1}{2}$인 모든 정수의 순서쌍 (x, y)를 구하라.

2. 방정식 $\dfrac{x}{3}+\dfrac{y}{7}=\dfrac{20}{21}$을 만족하는 자연수의 순서쌍 (x, y)를 구하라.

3. $\dfrac{1}{xy}+\dfrac{1}{x}+\dfrac{1}{y}=1$을 만족하는 모든 정수의 순서쌍 (x, y)를 구하라.

4. 방정식 $\dfrac{1}{x}+\dfrac{1}{y}=1$을 만족하는 모든 정수의 순서쌍 (x, y)를 구하라.

5. $\dfrac{3n+25}{2n-5}$가 양의 정수가 되는 자연수 n을 모두 구하라.

6. 방정식 $(a^2+b)(a+b^2)=(a-b)^3$을 만족하는 0이 아닌 정수 a, b를 구하라.

7. $(a-1)(b-1)(c-1)$이 $abc-1$의 약수가 될 정수 a, b, c $(1<a<b<c)$를 모두 구하라.

8. 2^n+1이 3의 배수가 되는 모든 자연수 n을 구하라.

9. 방정식 $33x+23y=1$을 만족하는 모든 정수의 순서쌍 (x, y)를 구하라.

10. n^3+100이 $n+10$의 배수가 되는 가장 큰 양의 정수 n을 구하라.

11. $x^4+y^4=1992$를 만족하는 정수해가 없음을 증명하라.

12. $\sum_{n=1}^{\infty} \frac{n}{x^n} = x$가 되는 자연수 x를 모두 구하라.

13. x, y, z, u는 양의 정수이고 $1 \le x < y < z < u$일 때, $x+y+z+u = xu+yz$를 만족하는 x, y, z, u를 모두 구하라.

14. 방정식 $3x+5y+4z=6$의 정수해를 모두 구하라.

15. $\frac{2^n+1}{n^2}$이 정수인 자연수 n을 모두 구하라.

16. $x^n+(2+x)^n+(2-x)^n=0$이 정수해를 가지도록 하는 자연수 n을 모두 구하라.

17. $x^4+y^4=1004$를 만족하는 정수해가 없음을 증명하라.

18. 방정식 $69x+111y=9000$을 만족하는 모든 양의 정수해를 구하라.

보충문제(7.3)

1. $x^3 + 2y^3 = 4z^3$의 모든 정수해를 구하라.

2. p가 소수이고 $p \equiv 1 \pmod{4}$이면 부정방정식 $x^2 + y^2 = p$의 정수해가 존재함을 증명하라.

3. $x^2 + (x+1)^2 + (x+2)^2 = y^2$을 만족하는 정수해 x, y를 구하라.

4. m이 짝수이고 $(x, y, z) = 1$일 때, 부정방정식

$$x^2 + y^2 + z^2 = m^2$$

의 정수해가 존재하지 않음을 증명하라.

5. $n \equiv 3 \pmod{4}$이면 $x^2 + y^2 = n$의 정수해는 존재하지 않음을 증명하라.

6. $n \equiv 7 \pmod{8}$이면 $x^2 + y^2 + z^2 = n$의 정수해는 존재하지 않음을 증명하라.

7. 임의의 자연수 n에 대하여, $x + 2y + 3z = n,\ x \geq 0, y \geq 0, z \geq 0$을 만족하는 정수해의 개수를 구하라.

8. 방정식 $x^3 = x^2y + xy^2 + y^3 = 8(x^2 + xy + y^2 + 1)$의 정수해를 모두 구하여라.

9. $x^3 + y^3 = 468^4$을 만족시키는 양의 정수가 존재하는가?

10. 방정식 $y^2 = x^3 + 7$이 정수해를 가지지 않음을 보여라.

11. 방정식 $\frac{1}{x}+\frac{1}{y}=\frac{1}{z}$의 서로소인 정수해를 모두 구하여라.

12. 방정식 $z^2=(x^2-1)(y^2-1)+n$의 정수해를 구하여라.

(1) $n=1981$

(2) $n=1985$

(3) $n=1984$

13. 방정식 $(x^2+x+1)(y^2+y+1)=z^2+z+1$의 무한히 많은 정수해를 구하여라.

14. 다음 방정식의 정수해를 모두 구하여라.

(1) $x^2+y^2+z^2=x^2y^2$

(2) $x+y=xy$

(3) $x^2-3y^2=17$

(4) $x^2+y^2=x^2y^2$

(5) $x^2+y^2+z^2+u^2=2xyzu$

(6) $x+y=x^2-xy+y^2$

CHAPTER 08

연분수와 펠방정식

8.1 유한연분수

다음과 같은 형태의 분수를 유한연분수(finite continued fraction)라고 한다.

$$a_0 + \cfrac{1}{a_1 + \cfrac{1}{a_2 + \cfrac{1}{a_3 + \cfrac{1}{\ddots \cfrac{1}{a_{n-1} + \cfrac{1}{a_n}}}}}}$$

기호로, $[a_0; a_1, a_2, \cdots, a_n]$으로 표시한다. 특별히 모든 a_i는 정수이다.

정리 1.

모든 유리수는 유한연분수로 표현할 수 있다.

증명 유리수 $\frac{a}{b}(b>0)$가 주어졌을 때, 최대공약수 (a, b)를 구하는 유클리드 알고리즘은 다음과 같다.

$$a = ba_0 + r_1, \quad 0 < r_1 < b$$
$$b = r_1 a_1 + r_2, \quad 0 < r_2 < r_1$$
$$r_1 = r_2 a_2 + r_3, \quad 0 < r_3 < r_2$$
$$\vdots$$
$$r_{n-2} = r_{n-1} a_{n-1} + r_n, \quad 0 < r_n < r_{n-1}$$
$$r_{n-1} = r_n a_n + 0$$

즉

$$\frac{a}{b} = a_0 + \frac{r_1}{b} = a_0 + \cfrac{1}{\cfrac{b}{r_1}}$$

$$\frac{b}{r_1} = a_1 + \frac{r_2}{r_1} = a_1 + \cfrac{1}{\cfrac{r_1}{r_2}}$$

$$\frac{r_1}{r_2} = a_2 + \frac{r_3}{r_2} = a_2 + \cfrac{1}{\cfrac{r_2}{r_3}}$$

$$\vdots$$

$$\frac{r_{n-1}}{r_n} = a_n$$

따라서 $\frac{a}{b} = a_0 + \cfrac{1}{\cfrac{b}{r_1}} = a_0 + \cfrac{1}{a_1 + \cfrac{1}{\cfrac{r_1}{r_2}}} = a_0 + \cfrac{1}{a_1 + \cfrac{1}{a_2 + \cfrac{1}{\cfrac{r_2}{r_3}}}} = \cdots$

이므로 $\frac{a}{b} = [a_0; a_1, a_2, \cdots, a_n]$ ■

참고로, 유리수를 유한연분수 $[a_0; a_1, a_2, \cdots, a_n]$로 표현하는 것은 유일하지 않다. 만약 $a_n > 1$ 이면, $a_n = (a_n - 1) + 1 = (a_n - 1) + \frac{1}{1}$ 이므로

$$[a_0; a_1, \cdots, a_n] = [a_0; a_1, \cdots, a_n - 1, 1]$$

만약 $a_n = 1$이면, $a_{n-1} + \frac{1}{a_n} = a_{n-1} + 1$이므로

$$[a_0; a_1, \cdots, a_{n-1}, a_n] = [a_0; a_1, \cdots, a_{n-2}, a_{n-1} + 1]$$

예제 8-1-1

$\frac{19}{51}$을 유한연분수로 표현하라.

풀이 유클리드 알고리즘에 의해

$51 = 2 \cdot 19 + 13$

$19 = 1 \cdot 13 + 6$

$13 = 2 \cdot 6 + 1$

$6 = 6 \cdot 1 + 0$

이므로

$$\frac{19}{51} = [0; 2, 1, 2, 6] = [0; 2, 1, 2, 5, 1]$$

유한연분수 $[a_0; a_1, a_2, \cdots, a_n]$에서 a_0부터 a_k까지의 연분수를

$$C_k = [a_0; a_1, \cdots, a_k], \ (1 \le k \le n)$$

로 나타내고, 특별히 $C_0 = a_0$이다.

참고로,

$$[a_0; a_1, \cdots, a_{k-1}, a_k + \frac{1}{a_{k+1}}] = [a_0; a_1, \cdots, a_{k-1}, a_k, a_{k+1}] = C_{k+1}$$

예제 1에서,

$$C_0 = 0$$

$$C_1 = [0; 2] = 0 + \frac{1}{2} = \frac{1}{2}$$

$$C_2 = [0;2,\ 1] = 0 + \cfrac{1}{2 + \cfrac{1}{1}} = \frac{1}{3}$$

$$C_3 = [0;2,\ 1,\ 2] = 0 + \cfrac{1}{2 + \cfrac{1}{1 + \cfrac{1}{2}}} = \frac{3}{8}$$

$$C_4 = [0;2,\ 1,\ 2,\ 6] = \frac{19}{51}$$

이제 $p_k,\ q_k\,(k = 0,\ 1,\ \cdots,\ n)$를 다음과 같이 정의하자.

$$p_0 = a_0,\ \ q_0 = 1$$

$$p_1 = a_1 a_0 + 1,\ \ q_1 = a_1$$

$$p_k = a_k p_{k-1} + p_{k-2},\ \ q_k = a_k q_{k-1} + q_{k-2}\ \ (k = 2,\ 3,\ \cdots,\ n)$$

그러면

$$C_0 = a_0 = \frac{a_0}{1} = \frac{p_0}{q_0}$$

$$C_1 = a_0 + \frac{1}{a_1} = \frac{a_1 a_0 + 1}{a_1} = \frac{p_1}{q_1}$$

$$C_2 = a_0 + \cfrac{1}{a_1 + \cfrac{1}{a_2}} = \frac{a_2(a_1 a_0 + 1) + a_0}{a_2 a_1 + 1} = \frac{p_2}{q_2}$$

정리 2.

유한연분수 $[a_0;a_1,\ a_2,\ \cdots,\ a_n]$에서 $C_k = \dfrac{p_k}{q_k}\ \ (0 \le k \le n)$

증명 위에서 $k = 0, 1, 2$일 때 성립한다. $k = m$일 때 성립한다고 가정하자. $(2 \le m < n)$

$$\text{즉, } C_m = \frac{p_m}{q_m} = \frac{a_m p_{m-1} + p_{m-2}}{a_m q_{m-1} + q_{m-2}}$$

이제

$$C_{m+1} = \left[a_0;a_1,\ a_2,\ \cdots,\ a_{m-1},\ a_m + \frac{1}{a_{m+1}}\right] = \frac{\left(a_m + \dfrac{1}{a_{m+1}}\right)p_{m-1} + p_{m-2}}{\left(a_m + \dfrac{1}{a_{m+1}}\right)q_{m-1} + q_{m-2}}$$

$$= \frac{a_{m+1}(a_m p_{m-1} + p_{m-2}) + p_{m-1}}{a_{m+1}(a_m q_{m-1} + q_{m-2}) + q_{m-1}} = \frac{a_{m+1}p_m + p_{m-1}}{a_{m+1}q_m + q_{m-1}} = \frac{p_{m+1}}{q_{m+1}}$$

즉, $k = m+1$일 때 성립한다. ■

예제 1에서

$$p_0 = 0,\ q_0 = 1$$

$$p_1 = 0 \cdot 2 + 1 = 1,\ q_1 = 2$$

$$p_2 = 1 \cdot 1 + 0 = 1,\ q_2 = 1 \cdot 2 + 1 = 3$$

$$p_3 = 2 \cdot 1 + 1 = 3,\ q_3 = 2 \cdot 3 + 2 = 8$$

$$p_4 = 6 \cdot 3 + 1 = 19,\ q_4 = 6 \cdot 8 + 3 = 51$$

즉, $\frac{19}{51} = [0;2,\ 1,\ 2,\ 6]$에서

$$C_0 = \frac{p_0}{q_0} = 0,\ C_1 = \frac{p_1}{q_1} = \frac{1}{2},\ C_2 = \frac{p_2}{q_2} = \frac{1}{3}, C_3 = \frac{p_3}{q_3} = \frac{3}{8}, C_4 = \frac{p_4}{q_4} = \frac{19}{51}$$

정리 3.

유한연분수 $[a_0; a_1,\ a_2,\ \cdots,\ a_n]$에서 $C_k = \frac{p_k}{q_k}$일 때,

$$p_k q_{k-1} - q_k p_{k-1} = (-1)^{k-1}, \quad (1 \le k \le n)$$

증명 k에 관한 수학적 귀납법으로 증명하자. $k=1$일 때 성립한다.

$$p_1 q_0 - q_1 p_0 = (a_1 a_0 + 1) \cdot 1 - a_1 \cdot a_0 = 1 = (-1)^{1-1}$$

$k = m$일 때 성립한다고 가정하자. $(1 \le m < n)$그러면

$$p_{m+1}q_m - q_{m+1}p_m = (a_{m+1}p_m + p_{m-1})q_m - (a_{m+1}q_m + q_{m-1})p_m$$

$$= -(p_m q_{m-1} - q_m p_{m-1}) = -(-1)^{m-1} = (-1)^m$$

따라서 $k=m+1$일 때 성립한다. ■

따름정리 1.

$1 \le k \le n$에 대하여 p_k와 q_k는 서로소이다.

증명 $d=(p_k, q_k)$로 놓자. 정리 3에 의해 $d|(-1)^{k-1}$ 그런데 $d>0$이므로 $d=1$ ■

보조정리 1.

유한연분수 $[a_0; a_1, a_2, \cdots, a_n]$에서 C_k의 분모가 q_k일 때,

$$q_{k-1} \le q_k \quad (1 \le k \le n)$$

특히 $k>1$일 때 $q_{k-1} < q_k$

증명 $q_0 = 1 \le a_1 = q_1$이므로 $k=1$일 때 성립한다.

$k=m$일 때 성립한다고 가정하자.$(1 \le m < n)$그러면

$$q_{m+1} = a_{m+1}q_m + q_{m-1} > a_{m+1}q_m \ge 1 \cdot q_m = q_m$$

따라서 $k=m+1$일 때 성립한다. ■

정리 4.

유한연분수 $[a_0; a_1, a_2, \cdots, a_n]$에서 $C_k = \dfrac{p_k}{q_k}$일 때,

(1) $C_0 < C_2 < C_4 < \cdots$

(2) $C_1 > C_3 > C_5 > \cdots$

(3) $C_{2s} < C_{2r-1}$

증명 $C_{k+2} - C_k = (C_{k+2} - C_{k+1}) + (C_{k+1} - C_k) = \left(\frac{p_{k+2}}{q_{k+2}} - \frac{p_{k+1}}{q_{k+1}}\right) + \left(\frac{p_{k+1}}{q_{k+1}} - \frac{p_k}{q_k}\right)$

$$= \frac{(-1)^{k+1}}{q_{k+2}q_{k+1}} + \frac{(-1)^k}{q_{k+1}q_k} = \frac{(-1)^k(q_{k+2} - q_k)}{q_k q_{k+1} q_{k+2}}$$

모든 $i \geq 0$에 대하여 $q_i > 0$이고 보조정리에 의해 $q_{k+2} - q_k > 0$이므로 $C_{k+2} - C_k$와 $(-1)^k$은 같은 부호이다.

(1) 만약 k가 짝수 즉 $k = 2j$이면, $C_{2j+2} > C_{2j}$ 따라서 $C_0 < C_2 < C_4 < \cdots$

(2) 만약 k가 홀수 즉 $k = 2j - 1$이면, $C_{2j+1} < C_{2j-1}$

따라서 $C_1 > C_3 > C_5 > \cdots$

(3) 정리 3에 의해 $p_k q_{k-1} - q_k p_{k-1} = (-1)^{k-1}$에서 양변을 $q_k q_{k-1}$로 나누면

$$C_k - C_{k-1} = \frac{p_k}{q_k} - \frac{p_{k-1}}{q_{k-1}} = \frac{(-1)^{k-1}}{q_k q_{k-1}}$$

이므로 $C_{2j} < C_{2j-1}$이다.

따라서 $C_{2s} < C_{2s+2r} < C_{2s+2r-1} < C_{2r-1}$ ■

8.2 무한연분수

$a_0, a_1, a_2, \cdots$가 모두 정수이고, a_0를 제외하고는 모두 양수일 때, 다음과 같은 형태의 분수를 무한연분수(infinite continued fraction)라고 한다.

$$a_0 + \cfrac{1}{a_1 + \cfrac{1}{a_2 + \cfrac{1}{a_3 + \ddots}}}$$

기호로, $[a_0; a_1, a_2, \cdots]$으로 표시한다.

8.1절에서의 결과를 이용하면 $C_n = [a_0; a_1, a_2, \cdots, a_n]$ $(n \geq 0)$로 놓을 때

$$C_0 < C_2 < C_4 < \cdots < C_{2n} < \cdots < C_{2n+1} < \cdots < C_5 < C_3 < C_1$$

이므로, 무한연분수 $[a_0; a_1, a_2, \cdots]$를 극한값 $\lim_{n\to\infty} [a_0; a_1, a_2, \cdots, a_n]$로 정의할 수 있다.

또한

$$[a_0; a_1, \cdots, a_m, b_1, \cdots, b_n, b_1, \cdots, b_n, \cdots]$$

과 같이 $b_1, \cdots, b_n$이 반복해서 나타나는 무한연분수를 순환연분수(periodic continued fraction)라고 하고

$$[a_0; a_1, \cdots, a_m, \overline{b_1, \cdots, b_n}]$$

으로 표시한다. 이 때, $b_1, \cdots, b_n$을 순환마디(period)라고 하고, n을 순환마디의 길이(length)라고 한다.

정리 1.

무한연분수의 값은 무리수이다.

증명 무한연분수 $[a_0; a_1, a_2, \cdots]$의 값을 x라 할 때, x는 다음 수열의 극한값이다.

$$C_n = [a_0; a_1, a_2, \cdots, a_n] = \frac{p_n}{q_n}$$

그런데 x가 어떤 두 C_n, C_{n+1} 사이에 있으므로

$$0 < |x - C_n| < |C_{n+1} - C_n| = \left|\frac{p_{n+1}}{q_{n+1}} - \frac{p_n}{q_n}\right| = \frac{1}{q_n q_{n+1}}$$

만약 x가 유리수라면, 즉 $x = \frac{a}{b}$, $(a, b > 0$는 정수$)$라면

$$0 < \left|\frac{a}{b} - \frac{p_n}{q_n}\right| < \frac{1}{q_n q_{n+1}} \quad \text{즉 } 0 < |aq_n - bp_n| < \frac{b}{q_{n+1}}$$

그런데 $\lim\limits_{i\to\infty} q_i = \infty$ 이므로 $b < q_{n+1}$ 인 n이 존재한다. 즉

$$0 < |aq_n - bp_n| < 1$$

그러나 자연수 $|aq_n - bp_n|$이 0과 1 사이에 있을 수 없으므로 모순이다. ■

참고로, 무한연분수 $[a_0; a_1, a_2, \cdots]$을 다음과 같이 표현할 수 있다.

$$[a_0; a_1, a_2, \cdots] = \lim_{n\to\infty} [a_0; a_1, \cdots, a_n] = \lim_{n\to\infty} \left(a_0 + \frac{1}{[a_1; a_2, \cdots, a_n]}\right)$$

$$= a_0 + \frac{1}{\lim\limits_{n\to\infty} [a_1; a_2, \cdots, a_n]} = a_0 + \frac{1}{[a_1; a_2, a_3, \cdots]}$$

정리 2.

무한연분수 $[a_0; a_1, a_2, \cdots]$와 $[b_0; b_1, b_2, \cdots]$이 같다면, 모든 $n \geq 0$에 대하여 $a_n = b_n$

증명 만약 $x = [a_0; a_1, a_2, \cdots]$이면 $C_0 < x < C_1$즉 $a_0 < x < a_0 + \frac{1}{a_1}$

$a_1 \geq 1$이므로 $a_0 < x < a_0 + 1$ 즉 $[x] = a_0$

만약 $[a_0; a_1, a_2, \cdots] = x = [b_0; b_1, b_2, \cdots]$라면

$$a_0 + \frac{1}{[a_1; a_2, \cdots, a_n]} = x = b_0 + \frac{1}{[b_1; b_2, \cdots, b_n]}$$

그런데 $a_0 = [x] = b_0$이므로 $[a_1; a_2, \cdots, a_n] = [b_1; b_2, \cdots, b_n]$

같은 방법으로 $a_n = b_n$ $(n \geq 0)$임을 보일 수 있다. ■

예제 8-2-1

무한연분수 $[3; 6, \overline{1, 4}]$의 값을 구하여라.

풀이 $x = [3; 6, y]$, $y = [\overline{1, 4}] = [1; 4, y]$로 놓자. 그러면

$$y = 1 + \cfrac{1}{4 + \cfrac{1}{y}} = 1 + \frac{y}{4y+1} = \frac{5y+1}{4y+1} \Rightarrow 4y^2 - 4y - 1 = 0$$

에서 $y > 0$이므로

$$y = \frac{1 + \sqrt{2}}{2}$$

이제 $x = [3; 6, y]$에서

$$x = 3 + \cfrac{1}{6 + \cfrac{1}{\cfrac{1+\sqrt{2}}{2}}} = \frac{25 + 19\sqrt{2}}{8 + 6\sqrt{2}} = \frac{14 - \sqrt{2}}{4}$$

따라서 $[3; 6, \overline{1, 4}] = \dfrac{14 - \sqrt{2}}{4}$ ■

정리 1, 정리 2에 의해 모든 무한연분수는 유일하게 무리수를 나타낸다.

이제 반대로 임의의 무리수 x_0가 무한연분수 $[a_0; a_1, a_2, \cdots]$로 유일하게 표현됨을 보이자.

먼저 정수의 수열 $a_0, a_1, a_2, \cdots$를 다음과 같이 정의한다.

$$x_1 = \frac{1}{x_0 - [x_0]},\ x_2 = \frac{1}{x_1 - [x_1]},\ x_3 = \frac{1}{x_2 - [x_2]},\ \cdots$$

$$a_0 = [x_0],\ a_1 = [x_1],\ a_2 = [x_2],\ a_3 = [x_3],\ \cdots$$

로 놓자. 즉 a_k를 귀납적으로 다음과 같이 정의하자.

$$a_k = [x_k],\ \ x_{k+1} = \frac{1}{x_k - a_k} \quad (k \geq 0)$$

그러면 모든 x_k가 무리수이고

$$0 < x_k - a_k = x_k - [x_k] < 1$$

이므로 $x_{k+1} = \dfrac{1}{x_k - a_k} > 1$

따라서 모든 $k \geq 0$에 대하여 $a_{k+1} = [x_{k+1}] \geq 1$즉 무한연분수 $[a_0; a_1, a_2, \cdots]$에서 $a_0, a_1, a_2, \cdots$ 중에서 a_0만 제외하고 모두 양의 정수이다.

또한 다음 귀납적 정의

$$x_k = a_k + \frac{1}{x_{k+1}} \quad (k \geq 0)$$

를 계속 사용하면 모든 양의 정수 n에 대하여

$$x_0 = a_0 + \frac{1}{x_1} = a_0 + \cfrac{1}{a_1 + \cfrac{1}{x_2}} = a_0 + \cfrac{1}{a_1 + \cfrac{1}{a_2 + \cfrac{1}{x_3}}} = \cdots = [a_0; a_1, a_2, \cdots, a_n, x_{n+1}]$$

이제 $x_0 = [a_0; a_1, a_2, \cdots, a_n, x_{n+1}] = \dfrac{x_{n+1}p_n + p_{n-1}}{x_{n+1}q_n + q_{n-1}}$로 표현할 수 있고

$$x_o - C_n = \frac{x_{n+1}p_n + p_{n-1}}{x_{n+1}q_n + q_{n-1}} - \frac{p_n}{q_n} = \frac{(-1)(p_nq_{n-1} - q_np_{n-1})}{(x_{n+1}q_n + q_{n-1})q_n} = \frac{(-1)^n}{(x_{n+1}q_n + q_{n-1})q_n}$$

이다. $x_{n+1} > a_{n+1}$이므로

$$|x_o - C_n| = \frac{1}{(x_{n+1}q_n + q_{n-1})q_n} < \frac{1}{(a_{n+1}q_n + q_{n-1})q_n} = \frac{1}{q_{n+1}q_n}$$

정수 q_k가 증가하므로

$$x_0 = \lim_{n \to \infty} C_n = [a_0 ; a_1,\ a_2,\ \cdots]$$

이상을 정리하면 다음 정리를 얻는다.

정리 3.

모든 무리수는 무한연분수로 유일하게 표현된다.

따름정리

무리수 x의 $C_n = \dfrac{p_n}{q_n}$일 때,

$$\left| x - \frac{p_n}{q_n} \right| < \frac{1}{q_{n+1}q_n} < \frac{1}{q_n^2}$$

예제 8-2-2

$\sqrt{23}$ 의 무한연분수를 구하여라.

풀이 $x_0 = \sqrt{23} = 4 + (\sqrt{23} - 4) \quad \therefore a_0 = 4$

$$x_1 = \frac{1}{x_0 - [x_0]} = \frac{1}{\sqrt{23} - 4} = \frac{\sqrt{23} + 4}{7} = 1 + \frac{\sqrt{23} - 3}{7} \quad \therefore a_1 = 1$$

$$x_2 = \frac{1}{x_1 - [x_1]} = \frac{7}{\sqrt{23} - 3} = \frac{\sqrt{23} + 3}{2} = 3 + \frac{\sqrt{23} - 3}{2} \quad \therefore a_2 = 3$$

$$x_3 = \frac{1}{x_2 - [x_2]} = \frac{2}{\sqrt{23}-3} = \frac{\sqrt{23}+3}{7} = 1 + \frac{\sqrt{23}-4}{7} \quad \therefore a_3 = 1$$

$$x_4 = \frac{1}{x_3 - [x_3]} = \frac{7}{\sqrt{23}-4} = \sqrt{23}+4 = 8 + (\sqrt{23}-4) \therefore a_4 = 8$$

따라서

$$\sqrt{23} = [4; 1, 3, 1, 8, 1, 3, 1, 8, \cdots] = [4; \overline{1, 3, 1, 8}]$$

참고로, 무리수 x가 순환연분수를 가질 필요충분조건은 x가 정수 계수 이차방정식의 무리근 즉 $x = r + s\sqrt{d}$ (여기서 r과 $s \neq 0$가 유리수이고 d는 제곱수가 아닌 양의 정수)의 꼴임을 증명할 수 있다.

이제 주어진 무리수에 충분히 가까운 유리수를 찾는 방법을 살펴보자.

보조정리

무리수 x의 무한연분수에서 $C_n = \dfrac{p_n}{q_n}$이고 정수 a, b가 $1 \leq b < q_{n+1}$일 때,

$$|q_n x - p_n| \leq |bx - a|$$

증명 다음 연립방정식

$$p_n\alpha + p_{n+1}\beta = a$$
$$q_n\alpha + q_{n+1}\beta = b$$

의 행렬식이 $p_n q_{n+1} - q_n p_{n+1} = (-1)^{n+1}$이므로 연립방정식은 유일한 정수해

$$\alpha = (-1)^{n+1}(aq_{n+1} - bp_{n+1})$$
$$\beta = (-1)^{n+1}(bp_n - aq_n)$$

를 갖는다.

만약 $\alpha = 0$이면 $aq_{n+1} = bp_{n+1}$이고, $(p_{n+1}, q_{n+1}) = 1$이므로 $q_{n+1} | b$ 즉 $b \geq q_{n+1}$, 모순이다.

따라서 $\alpha \neq 0$

만약 $\beta = 0$이면 $a = p_n\alpha,\ b = q_n\alpha$이므로 $|bx-a| = |\alpha||q_nx-p_n| \geq |q_nx-p_n|$

따라서 $\beta \neq 0$라고 가정하자. 그러면 α, β는 다른 부호를 갖는다.

만약 $\beta < 0$이면, $q_n\alpha = b - q_{n+1}\beta > 0$이므로 $\alpha > 0$ 만약 $\beta > 0$이면, $b < q_{n+1}$이므로 $b < \beta q_{n+1}$따라서 $q_n\alpha = b - q_{n+1}\beta < 0$이므로 $\alpha < 0$ x가 $\frac{p_n}{q_n}$과 $\frac{p_{n+1}}{q_{n+1}}$ 사이에 있으면 $q_nx - p_n$과 $q_{n+1}x - p_{n+1}$은 다른 부호를 갖고, 따라서 $\alpha(q_nx - p_n)$과 $\beta(q_{n+1}x - p_{n+1})$은 같은 부호를 갖는다.

그러므로
$$\begin{aligned} |bx-a| &= |(q_n\alpha + q_{n+1}\beta)x - (p_n\alpha + p_{n+1}\beta)| \\ &= |\alpha(q_nx - p_n) + \beta(q_{n+1}x - p_{n+1})| \\ &= |\alpha||q_nx - p_n| + |\beta||q_{n+1}x - p_{n+1}| \\ &> |\alpha||q_nx - p_n| > |q_nx - p_n| \end{aligned}$$
■

정리 4.

$1 \leq b \leq q_n$일 때, 유리수 $\frac{a}{b}$는 다음 부등식을 만족한다.

$$\left|x - \frac{p_n}{q_n}\right| \leq \left|x - \frac{a}{b}\right|$$

증명 만약 $\left|x - \frac{p_n}{q_n}\right| > \left|x - \frac{a}{b}\right|$라면

$$|q_nx - p_n| = q_n\left|x - \frac{p_n}{q_n}\right| > b\left|x - \frac{a}{b}\right| = |bx - a|$$

이므로 보조정리에 모순이다. ■

정리 5.

x가 무리수이고, 유리수 $\frac{a}{b}$ $[b \geq 1,\ (a,b)=1]$가 $\left|x-\frac{a}{b}\right| < \frac{1}{2b^2}$을 만족할 때, $\frac{a}{b}$는 x의 무한연분수에서 $\frac{p_n}{q_n}$ 중에 어느 하나이다.

증명 $\frac{a}{b}$가 x의 무한연분수에서 $\frac{p_n}{q_n}$ 중에 어느 하나도 아니라고 가정하자. q_k가 증가수열이므로 $q_n \leq b < q_{n+1}$인 정수 n이 유일하게 존재한다. 이 n에 대하여 보조정리에 의해

$$|q_n x - p_n| \leq |bx - a| = b\left|x - \frac{a}{b}\right| < \frac{1}{2b}$$

이므로 $\left|x - \frac{p_n}{q_n}\right| < \frac{1}{2bq_n}$

그런데 $\frac{a}{b} \neq \frac{p_n}{q_n}$ 이므로 $bp_n - aq_n$은 0이 아닌 정수이므로 $|bp_n - aq_n| \geq 1$. 따라서

$$\frac{1}{bq_n} \leq \left|\frac{bp_n - aq_n}{bq_n}\right| = \left|\frac{p_n}{q_n} - \frac{a}{b}\right| \leq \left|\frac{p_n}{q_n} - x\right| + \left|x - \frac{a}{b}\right| < \frac{1}{2bq_n} + \frac{1}{2b^2}$$

즉 $b < q_n$이므로 모순이다. ■

8.3 펠방정식

d가 완전제곱수가 아닌 자연수일 때, 방정식

$$x^2 - dy^2 = 1$$

을 펠 방정식(Pell equation)이라 한다. 1657년 페르마(Fermat)가 소개했고 오일러(Euler)가 이름을 붙였으며 1768년 라그랑쥐(Lagrange)가 $\sqrt{d}$의 무한연분수를 이용하여 모든 해를 구했다.

정리 1.

p, q가 $x^2 - dy^2 = 1$의 양의 정수해이면 $\frac{p}{q}$는 $\sqrt{d}$의 무한연분수에서 $\frac{p_n}{q_n}$ 중에 어느 하나이다.

증명 $p^2 - dq^2 = 1$에서

$$(p - q\sqrt{d})(p + q\sqrt{d}) = 1$$

이므로 $p > q\sqrt{d}$ 이고 $\frac{p}{q} - \sqrt{d} = \frac{1}{q(p + q\sqrt{d})}$ 따라서

$$0 < \frac{p}{q} - \sqrt{d} < \frac{1}{q(q\sqrt{d} + q\sqrt{d})} = \frac{\sqrt{d}}{2q^2\sqrt{d}} = \frac{1}{2q^2}$$

8.2절의 정리 5에 의해, $\frac{p}{q}$는 $\sqrt{d}$의 무한연분수에서 $\frac{p_n}{q_n}$ 중에 어느 하나이다.

■

일반적으로 정리 1의 역은 성립하지 않는다. 즉 $\sqrt{d}$의 무한연분수에서 $\frac{p_n}{q_n}$이 모두

$x^2-dy^2=1$의 정수해는 아니다.

정리 2.

p,q가 $\sqrt{d}$의 무한연분수에서 $\dfrac{p_n}{q_n}$ 중에 어느 하나이면, $x=p, y=q$는 방정식

$$x^2-dy^2=k, \quad (|k|<1+2\sqrt{d})$$

의 해이다.

증명 8.2절 따름정리에 의해, p,q가 $\sqrt{d}$의 무한연분수에서 $\dfrac{p_n}{q_n}$ 중에 어느 하나이면,

$$\left|\sqrt{d}-\frac{p}{q}\right|<\frac{1}{q^2} \text{ 즉 } |p-q\sqrt{d}|<\frac{1}{q}$$

그런데

$$|p+q\sqrt{d}|=|(p-q\sqrt{d})+2q\sqrt{d}|<\frac{1}{q}+2q\sqrt{d}<(1+2\sqrt{d})q$$

따라서

$$|p^2-dq^2|=|p-q\sqrt{d}||p+q\sqrt{d}|<\frac{1}{q}(1+2\sqrt{d})q=1+2\sqrt{d}$$ ■

예를 들어, $\sqrt{7}=[2;\overline{1,1,1,4}]$이고 $\sqrt{7}$의 무한연분수에서 $\dfrac{p_n}{q_n}$은 다음과 같다.

$$\frac{2}{1}, \frac{3}{1}, \frac{5}{2}, \frac{8}{3}, \cdots$$

$p_n^2-7q_n^2$을 계산하면

$$2^2-7\cdot 1^2=-3,\ 3^2-7\cdot 1^2=2,\ 5^2-7\cdot 2^2=-3,\ 8^2-7\cdot 3^2=1,\ \cdots$$

따라서 $x=8, y=3$이 $x^2-7y^2=1$의 양의 정수해이다.

참고로, $\sqrt{d}=[a_0;\overline{a_1,a_2,\cdots,a_n}]$에서 $a_n=2a_0$이고 순환마디에서 a_n만 제외하고 좌우대칭이다. 즉

$$\sqrt{d}=[a_0;\overline{a_1,a_2,a_3,\cdots,a_3,a_2,a_1,2a_0}]$$

예를 들어, $\sqrt{19}=[4;\overline{2,1,3,1,2,8}]$,

$$\sqrt{73}=[8;\overline{1,1,5,5,1,1,16}]$$

보조정리

$\sqrt{d}$의 무한연분수의 $\dfrac{p_k}{q_k}$에서 순환마디의 길이가 n일 때,

$$p_{kn-1}^2-dq_{kn-1}^2=(-1)^{kn}\qquad(k=1,\ 2,\ 3,\ \cdots)$$

증명 $k\geq 1$일 때, $\sqrt{d}$의 무한연분수는

$$\sqrt{d}=[a_0;a_1,\ a_2,\ \cdots,\ a_{kn-1},\ x_{kn}]$$

여기서 $x_{kn}=[2a_0;\overline{a_1,\cdots,a_{n-1},2a_0}]=a_0+\sqrt{d}$

그러면 $\sqrt{d}=\dfrac{x_{kn}p_{kn-1}+p_{kn-2}}{x_{kn}q_{kn-1}+q_{kn-2}}$

이제 $x_{kn}=a_0+\sqrt{d}$ 를 대입하면

$$\sqrt{d}\,(a_0q_{kn-1}+q_{kn-2}-p_{kn-1})=a_0p_{kn-1}+p_{kn-2}-dq_{kn-1}$$

우변이 유리수이고 좌변이 무리수이므로

$$a_0q_{kn-1}+q_{kn-2}=p_{kn-1},\quad a_0p_{kn-1}+p_{kn-2}=dq_{kn-1}$$

이고

$$p_{kn-1}^2-dq_{kn-1}^2=p_{kn-1}q_{kn-2}-q_{kn-1}p_{kn-2}$$

8.1절 정리 3에 의해,

$$p_{kn-1}q_{kn-2}-q_{kn-1}p_{kn-2}=(-1)^{kn-2}=(-1)^{kn}$$

따라서

$$p_{kn-1}^2 - dq_{kn-1}^2 = (-1)^{kn}$$ ■

정리 3.

$\sqrt{d}$의 무한연분수의 $\dfrac{p_k}{q_k}$에서 순환마디의 길이가 n일 때,

(1) n이 짝수이면, $x^2 - dy^2 = 1$의 모든 양의 정수해는 다음 꼴이다.

$$x = p_{kn-1},\ y = q_{kn-1} \quad (k = 1, 2, 3, \cdots)$$

(2) n이 홀수이면, $x^2 - dy^2 = 1$의 모든 양의 정수해는 다음 꼴이다.

$$x = p_{2kn-1},\ y = q_{2kn-1} \quad (k = 1, 2, 3, \cdots)$$

증명 보조정리 이용!

예제 8-3-1

방정식 $x^2 - 7y^2 = 1$의 세 양의 정수해를 구하여라.

풀이 $\sqrt{7} = [2; \overline{1,1,1,4}]$이고 $\sqrt{7}$의 무한연분수에서 $\dfrac{p_n}{q_n}$은 다음과 같다.

$$\frac{2}{1}, \frac{3}{1}, \frac{5}{2}, \frac{8}{3}, \frac{37}{14}, \frac{45}{17}, \frac{82}{31}, \frac{127}{48}, \frac{590}{223}, \frac{717}{271}, \frac{1307}{494}, \frac{2024}{765}, \cdots$$

$\sqrt{7}$의 무한연분수에서 순환마디의 길이가 4이므로 정리 3에 의해

$x = p_{4k-1},\ y = q_{4k-1} \quad (k = 1, 2, 3, \cdots)$

이 $x^2 - 7y^2 = 1$의 양의 정수해이다.

따라서 구하는 양의 정수해는

$x_1 = 8, y_1 = 3$; $x_2 = 127, y_2 = 48$; $x_3 = 2024, y_3 = 765$

정리 4.

x_1, y_1이 $x^2 - dy^2 = 1$의 최소 양의 정수해일 때,

$$x_n + y_n\sqrt{d} = (x_1 + y_1\sqrt{d})^n \quad (n = 1, 2, 3, \cdots)$$

을 만족시키는 x_n, y_n도 $x^2 - dy^2 = 1$의 양의 정수해이다.

증명 참고로 $x_n - y_n\sqrt{d} = (x_1 - y_1\sqrt{d})^n$

또한 x_1, y_1이 양의 정수이면 x_n, y_n도 양의 정수이다. 이제

$x_n^2 - dy_n^2 = (x_n + y\sqrt{d})(x_n - y\sqrt{d}) = (x_1 + y_1\sqrt{d})^n(x_1 - y_1\sqrt{d})^n = (x_1^2 - dy_1^2)$

■

예제 8-3-2

방정식 $x^2 - 35y^2 = 1$의 세 양의 정수해를 구하여라.

풀이 먼저 $x_1 = 6, y_1 = 1$은 최소 양의 정수해이다.

두 번째 양의 정수해 x_2, y_2는

$x_2 + y_2\sqrt{35} = (6 + \sqrt{35})^2 = 71 + 12\sqrt{35}$

에 의해 $x_2 = 71, y_2 = 12$ ($\because 71^2 - 35 \cdot 12^2 = 5041 - 5040 = 1$)

세 번째 양의 정수해 x_3, y_3는

$x_3 + y_3\sqrt{35} = (6 + \sqrt{35})^3 = (71 + 12\sqrt{35})(6 + \sqrt{35}) = 846 + 143\sqrt{35}$

에 의해 $x_3 = 846, y_3 = 143$ ($\because 846^2 - 35 \cdot 143^2 = 715716 - 715715 = 1$)

정리 5.

x_1, y_1이 $x^2 - dy^2 = 1$의 최소 양의 정수해일 때, $x^2 - dy^2 = 1$의 모든 양의 정수해는

$$x_n + y_n\sqrt{d} = (x_1 + y_1\sqrt{d})^n \quad (n = 1, 2, 3, \cdots)$$

을 만족시키는 정수 x_n, y_n이다.

증명 $x_n + y_n\sqrt{d} = (x_1 + y_1\sqrt{d})^n$의 꼴로 표현되지 않는 양의 정수해 u, v가 존재한다고 가정하자. $x_1 + y_1\sqrt{d} > 1$이므로

$$(x_1 + y_1\sqrt{d})^n < u + v\sqrt{d} < (x_1 + y_1\sqrt{d})^{n+1}$$

즉 $x_n + y_n\sqrt{d} < u + v\sqrt{d} < (x_n + y_n\sqrt{d})(x_1 + y_1\sqrt{d})$

양변에 $x_n - y_n\sqrt{d}$를 곱하면

$$1 < (x_n - y_n\sqrt{d})(u + v\sqrt{d}) < x_1 + y_1\sqrt{d}$$

이제 $r + s\sqrt{d} = (x_n - y_n\sqrt{d})(u + v\sqrt{d})$로 놓으면

$$r = x_n u - y_n v d, \quad s = x_n v - y_n u$$

이고 $r^2 - ds^2 = (x_n^2 - dy_n^2)(u^2 - dv^2) = 1$

따라서 r, s도 $x^2 - dy^2 = 1$의 정수해이고 $1 < r + s\sqrt{d} < x_1 + y_1\sqrt{d}$을 만족한다.

$1 < r + s\sqrt{d}$이므로 $0 < r - s\sqrt{d} < 1$ 따라서

$$2r = (r + s\sqrt{d}) + (r - s\sqrt{d}) > 1 + 0 > 0$$

$$s\sqrt{d} = (r + s\sqrt{d}) - (r - s\sqrt{d}) > 1 - 1 = 0$$

즉 r, s가 양수이다.

그러므로 x_1, y_1이 $x^2 - dy^2 = 1$의 최소 양의 정수해라는 사실에 모순이다.

■

연습문제(8)

1. 다음 유리수를 유한연분수로 나타내라.

(1) $\dfrac{71}{55}$

(2) $-\dfrac{19}{51}$

2. 다음 유한연분수를 유리수로 나타내라.

(1) $[-2;2, 4, 6, 8]$

(2) $[0;1, 2, 3, 4, 3, 2, 1]$

3. 유한연분수 $[1;2, 3, 3, 2, 1]$의 모든 C_k를 구하여라.

4. 다음 무한연분수의 값을 구하여라.

(1) $[\overline{2;3}]$

(2) $[0;\overline{1,2,3}]$

(3) $[2;\overline{1,2,1}]$

(4) $[1;2,\overline{3,1}]$

5. 다음 무리수를 무한연분수로 나타내라.

(1) $\sqrt{5}$

(2) $\sqrt{7}$

(3) $\dfrac{1+\sqrt{13}}{2}$

6. dy^2+1에 $y=1, 2, 3, \cdots$을 대입하여 완전제곱수를 찾는 방법으로, 다음 방정식의 최소 양의 정수해를 구하여라.
(1) $x^2-11y^2=1$
(2) $x^2-18y^2=1$
(3) $x^2-30y^2=1$

7. 다음 방정식의 $y<250$인 양의 정수해를 구하여라.
(1) $x^2-2y^2=1$
(2) $x^2-5y^2=1$

8. 방정식 $x^2-33y^2=1$의 양의 정수해를 두 개 구하여라.

9. 다음 방정식의 최소 양의 정수해를 구하여라.
(1) $x^2-41y^2=1$
(2) $x^2-41y^2=-1$

10. $x^2-dy^2=1$ 꼴의 두 수의 곱이 다시 그 꼴임을 보여라.(d는 완전제곱수가 아니다.)

11. (1) 자연수 x, y가 $2x^2+x=3y^2+y$를 만족할 때, $x-y$, $2x+2y+1$, $3x+3y+1$이 완전제곱수임을 증명하라.
(2) 방정식 $2x^2+x=3y^2+y$의 모든 정수해를 구하여라.

12. 자연수 n에 대하여 $3n+1$, $4n+1$이 완전제곱수일 때, $56|n$을 보여라.

참고문헌

정수론(제4판), 김응태-박승안, 경문사, 1997.

정수론입문, 윤영진, 교우사, 2001.

정수론 문제 탐구, 윤영진, 교우사, 2006.

A Course in Number Theory(2nd.), N. Koblitz, Springer-Verlag, 1994.

Elementary Number Theory, D.M. Burton, Allyn and Bacon, 1980.

Elementary Number Theory(2nd.), U. Dudley, W.H. Freeman and Company, 1978.

Elementary Number Theory, G.A. Jones-J.M. Jones, Springer-Verlag, 1998.

Introduction to Number Theory, H.L. Keng, Springer-Verlag, 1982.

Introduction to Number Theory, W.W. Adams L.J.-Goldstein, Prentice-Hall, 1976.

The Theory of Numbers, A. Adler-J.E. Coury, Jones and Bartlett Publishers, 1995.

Unsolved Problems in Number Theory(2nd.), R.K. Guy, Springer-Verlag, 1994.

부록

〈1000이하의 소수에 대한 표〉

- 1–100 [25개] :

  2, 3, 5, 7, 11, 13, 17, 19, 23, 29, 31, 37, 41, 43, 47, 53, 59, 61, 67, 71, 73, 79, 83, 89, 97

- 101–200 [21개] :

  101, 103, 107, 109, 113, 127, 131, 137, 139, 149, 151, 157, 163, 167, 173, 179, 181, 191, 193, 197, 199

- 201–300 [16개] :

  211, 223, 227, 229, 233, 239, 241, 251, 257, 263, 269, 271, 277, 281, 283, 293

- 301–400 [16개] :

  307, 311, 313, 317, 331, 337, 347, 349, 353, 359, 367, 373, 379, 383, 389, 397

- 401–500 [17개] :

  401, 409, 419, 421, 431, 433, 439, 443, 449, 457, 461, 463, 467, 479, 487, 491, 499

- 501–600 [14개] :

  503, 509, 521, 523, 541, 547, 557, 563, 569, 571, 577, 587, 593, 599

- 601–700 [16개] :

  601, 607, 613, 617, 619, 631, 641, 643, 647, 653, 659, 661, 673, 677, 683, 691

- 701–800 [14개] :

  701, 709, 719, 727, 733, 739, 743, 751, 757, 761, 769, 773, 787, 797

- 801–900 [15개] :

  809, 811, 821, 823, 827, 829, 839, 853, 857, 859, 863, 877, 881, 883, 887

- 901–1000 [14개] :

  907, 911, 919, 929, 937, 941, 947, 953, 967, 971, 977, 983, 991, 997

- 전체 1–1000 [168개]

풀이 및 해답

해답

연습문제 1.1

1. (1) 거짓 ($1|1$, $1|2$이지만 $2 \nmid 3$이다.)
   (2) 참
   (3) 거짓 ($a=2$, $b=c=1$)

2. $\gcd(a, b)|a$이고 $\gcd(a, b)|b$이므로 $c|a$이고 $c|b$이다.
   역으로, $\gcd(a, b)=au+bv$로 나타낼 수 있으므로 $c|au+bv=\gcd(a, b)$

3. (1) $n=2k$일 때, $n^2+2=4k^2+2$이고, $n=2k+1$일 때, $n^2+2=4(k^2+k)+3$이다.
   따라서 n^2+2를 4로 나눈 나머지는 2나 3이다.
   (2) $n=6k+1$, $n=6k+5$에 대하여 결론을 증명하면 된다.

4. $n=2k+1$, $m=2l+1$을 대입하면 n^2+m^2은 4로 나눈 나머지가 2이다.
   그런데 $a^2 \equiv 0,1 \pmod{4}$이므로, n^2+m^2은 완전제곱수가 아니다.

5. $ak+b(n+k)=1 \Leftrightarrow (a+b)k+bn=1$

6. (1) 1
   (2) n이 홀수일 때 1, n이 짝수일 때 2.

7. $5(3n+2)-3(5n+3)=1$

8. (1) $d|a$, $d|b$이고 $as+bt=1$인 정수 s, t가 존재한다. $2as+2bt=2$이므로 $d|2$.
[다른 방법으로, $d|a$, $d|b$이므로 $d|(2a, 2b)=2(a, b)=2$.]
(2) $d|(a^2+b^2)=(a+b)^2-2ab$이므로 $d|2ab$. 가정에서 $as+bt=1$인 정수 s, t가 존재한다. $d|(a^2-b^2)$, $d|(a^2+b^2)$에서 $d|2b^2$을 얻고, 따라서 $2abs+2b^2t=2b$에서 $d|2b$. 마찬가지로 $2a^2s+2abt=2a$에서 $d|2a$.
결과적으로 $2as+2bt=2$에서 $d|2$.
(3) $d|3a$, $d|3b$이므로 $d|(3a, 3b)=3(a, b)=3$.
(4) $a^2-ab+b^2=(a+b)^2-3ab$이므로 $d|3ab$.
$d|(2a^2+b^2)$, $d|(a^2+2b^2)$이므로 $d|(a^2-b^2)$. 따라서 $d|3a^2$, $d|3b^2$.
가정에서 $as+bt=1$인 정수 s, t가 존재하므로 $3a^2s+3abt=3a$이고 $d|3a$.
마찬가지로 $d|3b$. 따라서 $d|(3a, 3b)=3(a, b)=3$.

9. (3) $d=(a, b)$, $e=\left(\frac{a}{2}, b\right)$라면 $e|d$. 그리고 $d|b$이므로 b가 홀수이면 d도 홀수이다. 따라서 $d|\frac{a}{2}$이고 $d|e$.
(4) $a=b\cdot 1+(a-b)$

10. n개의 1로 이루어진 수는 2로 시작해서 그 다음부터 $n-2$개의 7로 이루어진 수 곱하기 4 더하기 3과 같다. 즉, $111\cdots111=(111\cdots108)+3=4\times(277\cdots77)+3$.

11. 임의의 정수 n을 $7k, 7k+1, 7k+2, \cdots, 7k+6$의 각각의 경우에 n^2와 n^3의 7로 나눈 나머지를 비교한다.

12. 나눗셈 알고리즘에 의해, n은 $3k, 3k+1, 3k+2$의 세 가지 형태 중 어느 하나이다.

13. $(\Rightarrow)$ $sa^n+tb^n=1$, $(s, t\in\mathbb{Z})$이므로 $(sa^{n-1})a+(tb^{n-1})b=1$.
$(\Leftarrow)$ $\gcd(a, b)=1, \gcd(a, c)=1$일 때 $\gcd(a, bc)=1$을 보이면 된다.
적당한 정수 x, y, u, v에 대하여 $1=ax+by=au+cv$이므로
$1=(ax+by)(au+bv)=a(aux+cvx+byu)+bc(yu)$
두 번째 동치도 같은 방법으로 증명된다.

14. $(\Leftarrow)$ $b=ka$인 정수 k에 대하여 $b^n=k^na^n$.
$(\Rightarrow)$ 먼저 $(r, s)=1$이면 $(r^n, s^n)=1$이다. $d=(a, b)$에서 $a=rd$, $b=sd$, $(r, s)=1$이므로 $(r^n, s^n)=1$이다. 그런데 $a^n|b^n \Rightarrow r^nd^n|s^nd^n \Rightarrow r^n|s^n$이므로 $r^n=1$ 즉 $r=1$.
따라서 $a=d$이고 $a|b$이다.

15. 유클리드 알고리즘의 역순으로

$18=288(-2)+198(3)$

$2=512(-2)+18(57)=512(-2)+288(-114)+198(171)$을 얻고, 따라서

$x=171,\ y=-114,\ z=-2.$

16. $d=\gcd(a,c)$에서 $d|a,\ d|c$이므로 $d|(a+b)-a=b$. 따라서 $d|\gcd(a,b)=1$이다.

17. $m=10q+r,\ 0\leq r<10$ 에서 $m^2=100q^2+20qr+r^2$는 r^2와 같은 일의 자리수를 갖는다. 그런데 $r^2=0, 1, 4, 9, 16, 25, 36, 49, 64, 81$이므로 m^2가 갖지 않는 일의 자리수는 2, 3, 7, 8 이다.

1234567을 4로 나누면 나머지가 3이므로 $a^2\equiv 0, 1\ (\mathrm{mod}4)$에 의하여 완전제곱수가 아니다.

18. $a-b\,|\,f(a)-f(b)$인데 $4=11-7 \nmid f(11)-f(7)=2$

19. $(n-2)^2+(n-1)^2+n^2+(n+1)^2+(n+2)^2=5(n^2+2)$이 완전제곱수이려면 $5\,|\,(n^2+2)$ 즉 $n^2=5q-2$ 그러나 $n^2\equiv 0, 1, 4\ (\mathrm{mod}5)$이므로 모순이다.

20. $n^2=aabb$이면 $n^2=1100a+11b=11(100a+b)=11(99a+a+b)$ n^2이 11^2의 배수이므로 $11\,|\,(a+b)\ \therefore a+b=11$ $n^2=11^2(9a+1)$에서 $a=1, 2, 3, 4, 5, 6, 8, 9$일 때 $9a+1$은 완전 제곱수가 아니다.

따라서 $a=7, b=4$일 때 성립한다. 즉 $7744=88^2$

21. n^2+3n+5가 11의 배수이면 n^2+3n+5가 121의 배수가 아님을 보이는 것으로 충분하다. ($\because$ n^2+3n+5가 11의 배수가 아니면 121의 배수도 아니다.)

$n^2+3n+5\equiv n^2-8n+16=(n-4)^2\ (\mathrm{mod}11)$이므로 $n=11k+4$일 때 $11\,|\,n^2+3n+5$

그런데 $n^2+3n+5=121k(k+1)+33$이므로 n^2+3n+5는 121의 배수가 아니다.

22. (1) $(ab+cd)-(ad+bc)=a(b-d)-c(b-d)=(a-c)(b-d)$

(2) $(a^3+b^3+c^3)-(a+b+c)=(a^3-a)+(b^3-b)+(c^3-c)$은 2와 3의 배수이므로 6의 배수 [$\because$ $x^3-x=(x-1)x(x+1)$]

23. $n=2a+1 \Rightarrow n^2=4a^2+4a+1=4a(a+1)+1=8b+1\ \ \therefore\ n^2\equiv 1\ (\mathrm{mod}8)$

즉 홀수의 제곱을 8로 나눈 나머지는 1이다.

24. (1) $n^3+5n=n^3-n+6n=(n-1)n(n+1)+6n$

(2) $n^5-5n^3+4n=n(n^4-5n^2+4)=n(n^2-4)(n^2-1)=(n-2)(n-1)n(n+1)(n+2)$

즉 연속한 정수 5개의 곱은 $5!=120$으로 나누어 떨어진다.

(3) $f(n)=4^n+15n-1\equiv 0\ (\mathrm{mod}3)$이지만 증명으로서 충분치 않다. n에 관한 수학적 귀납법으로 증명하자. $f(0)=0$이므로 $9|f(0)$ 만약 $9|f(n)$이라면

$f(n+1)=4\cdot 4^n+15n+15-1=3\cdot 4^n+4^n+15n-1+15=f(n)+3(4^n+5)$이고

$4^n+5\equiv 0\ (\mathrm{mod}3)$이므로 $9|f(n+1)$

25. (1) $2^n-1=3^m$이라고 가정하자.

m이 홀수일 때, $2^n=3^m+1=(3+1)(3^{m-1}+3^{m-2}+\cdots+1)$인데 홀수항의 홀수개 합이 홀수이므로 모순이다.

m이 짝수일 때, $m=2s$로 놓자. $2^n=3^{2s}+1=9^s+1=8q+2$가 4의 배수가 아니므로 모순이다.

(2) $2^n+1=3^m$이라고 가정하자.

m이 홀수일 때, $2^n=3^m-1=(3-1)(3^{m-1}+\cdots+1)$인데 홀수항의 홀수개 합이 홀수이므로 모순이다.

m이 짝수일 때, $m=2s$로 놓으면 $3^s=2a+1$, $2^n+1=(3^s)^2$,

$2^n=(2a+1)^2-1=4a(a+1)$

여기서 a나 $a+1$이 홀수이므로 $a=1, 2^n=3^2-1$, 모순이다.

26. $p_i=a_ia_{i+1}$ $(i=1, 2, \cdots, n,\ a_{n+1}=a_1)$로 놓으면 $n=2k$이며 $p_1, p_2, \cdots, p_n$ 중 반은 -1이다. 즉 $p_1p_1\cdots p_n=(-1)^k$ 그런데 $p_1p_2\cdots p_n=(a_1a_2\cdots a_n)^2=1$이므로 $k=2m$

따라서 $n=4m$ 즉 $4|n$

27. $(10^6-1)n=(10^k-1)/9 \Rightarrow n=(10^k-1)/9(10^6-1)$, $k=6m$

$\Rightarrow n=(1+10^6+\cdots+10^{6(m-1)})/9$

따라서 $m=9$일 때 분자는 9의 배수이므로 구하는 답은 $n=\dfrac{10^{54}-1}{9(10^6-1)}$

28. (1) $(\Leftarrow)$ $a|b$이면 $b=ak$인 $k\in\mathbb{Z}$가 존재한다. $x\in(b)$에 대하여 $x=bn$인 $n\in\mathbb{Z}$이 존재해서 $x=bn=akn=a(nk)\in(a)$이므로 $\therefore (b)\subset(a)$ 역으로 $(b)\subset(a)$라면 $b=b\cdot 1\in(b)$이므로 $b\in(a)$이다. $b=an$인 $n\in\mathbb{Z}$이 존재하므로 $\therefore a|b$

(2) $2, 3\in(2)\cup(3)$이지만 $2+3=5\not\in(2)\cup(3)$

(3) $c, d\in(a)\cap(b)$라면 $c\,d\in(a)$, $c\,d\in(b)$이므로 $c=am_1$, $d=am_2$, $c=bn_1$, $d=bn_2$를

만족시키는 $m_1, m_2, n_1, n_2 \in \mathbb{Z}$가 존재한다. 따라서

$c+d=a(m_1+m_2)$, $c+d=b(n_1+n_2)$이므로 $c+d \in (a)$, $c+d \in (b)$

따라서 $c+d \in (a) \cap (b)$

(4) $c, d \in (a)+(b)$라면 $c=ax_1+by_1$, $d=ax_2+by_2$를 만족시키는 $x_1, x_2, y_1, y_2 \in \mathbb{Z}$가 존재 한다. 따라서 $c+d=a(x_1+x_2)+b(y_1+y_2)$이므로 $c+d \in (a)+(b)$

(5) $c \in (a) \cap (b)$라면 $c \in (a)$, $c \in (b)$이므로 $c=am$, $c=bn$을 만족시키는 $m, n \in \mathbb{Z}$가 존재한다. 즉 $a|c$, $b|c$이므로 $[a, b] \mid c$그런데 $(a, b) \mid [a, b]$이므로 $(a, b) \mid c$

(6) $5=2 \cdot 1+3 \cdot 1$이므로 $5 \in (2)+(3)$이지만 $5 \nmid 6=[2, 3]$

29. $4 \cdot abcde=edcba$이므로 $a<3$그리고 $edcba$는 짝수이므로 $a=2$

$4 \cdot 2bcde=edcb2$에서 $d \geqq 8$이고 $e \cdot 4$의 일의 자리수는 2이므로 $e=8$

즉 $4 \cdot 2bcd8=8dcb2$

$80000+4000b+400c+40d+32=80000+1000d+100c+10b+2$

$\Rightarrow 3990b+300c+30=960d \Rightarrow 133b+10c+1=32d$

우변이 짝수이므로 b가 홀수이고 3보다 작고 $32d \leqq 288$이다. 따라서 $b=1$

$134+10c=32d$ 즉 $67+5c=16d$ 그런데 c가 홀수이므로 $c=9, d=7$

따라서 구하는 답은 21978

30. 대우 명제를 증명하자. 즉 $ax^2+bx+c=0$ $(a \neq 0)$이 정수의 근을 가지면 a, b, c 중 적어도 하나는 짝수임을 증명하자.

(i) $x=2n$일 때, $a(2n)^2+b(2n)+c=0$에서 $2(2an^2+bn)=-c$ 즉 c는 짝수

(ii) $x=2n+1$일 때, $a(2n+1)^2+b(2n+1)+c=0$에서 $4an^2+4an+2bn+(a+b+c)=0$

즉 $a+b+c$는 짝수 $\therefore$ a, b, c 중 적어도 하나는 짝수

연습문제 1.2

1. (1) $x=9+3n$, $y=-n$, $(n \in \mathbb{Z})$

(2) $x=-10+21n$, $y=9-19n$, $(n \in \mathbb{Z})$

(3) $x=500+5n$, $y=-4250-43n$, $(n \in \mathbb{Z})$

2. (1) $9+3n>0$, $-n>0$에서 $n=-1, -2$이므로 $(x, y)=(6, 1), (3, 2)$.

(2) $(x, y) = (30, 7), (20, 14), (10, 21)$.

(3) $(x, y) = (5, 7)$.

3. 8

4. $(x, y, z) = (22, 8, 1), (23, 6, 2), (24, 4, 3), (25, 2, 4)$

5. $x = 2 + 2u,\ y = -3 - 15u - 5v,\ z = 1 + 5u + 2v,\ (u, v \in \mathbb{Z})$

연습문제 2.1

1. (1) 참. [$a = pq,\ (p, q) = 1$에서 $a^2 = p^2q^2,\ (a^2, p^2) = p^2$ 이다.]

(2) 거짓. [$a = p,\ b = p^3$]

(3) 참. [$a = pq_1,\ b = pq_2,\ (p, q_1) = 1 = (p, q_2)$에서 $ab = p^2q_1q_2,\ (ab, p^4) = p^2$이다.]

(4) 거짓. [$a = p = 2$]

2. $(k+1)!+2, (k+1)!+3, \cdots, (k+1)!+(k+1)$

3. 나눗셈 알고리즘을 이용하면 $p = 3n + r,\ (r = 0, 1, 2)$.
만약 $r = 0$이면 $3|p$이므로 $p = 3$이다. 따라서 $p \neq 3$이면 $r = 1, 2$이다.
즉, 임의의 소수 $p \neq 3$는 $3n+1$이나 $3n+2$의 꼴이다.
만약 $3n+2$의 꼴의 소수가 유한개만 있다고 가정하자. $p_1, \cdots, p_k$가 $3n+2$의 꼴인 소수 전체라고 할 때 $m = 3p_1 \cdots p_k - 1 = 3(p_1 \cdots p_k - 1) + 2$이다.
$(3s+1)(3t+1) = 3(3st + s + t) + 1$이므로 m의 소인수가 모두 $3n+1$의 꼴일 수는 없다.
m의 $3n+2$의 꼴인 소인수 p에 대하여 $p|(3p_1 \cdots p_k - m) = 1$이므로, 모순이다. 따라서 $3n+2$의 꼴인 소수가 무한히 많다.

4. 정수 n의 약수 중에서 1보다 큰 약수 전체의 집합을 S라 하자. 가정에 의해 $n \geq 2$이고 $n|n$이므로 $n \in S$이다. $S \neq \varnothing$이므로, 정수의 정렬성에 의하여 S에는 최소원 p가 존재한다. p가 합성수이면, $p = ab,\ \ 1 < a, b < p$인 정수 a, b가 존재하고, $a|n$이므로 p가 최소원이라는 사실에 모순이다.
따라서 p는 소수이다.

5. 임의의 양의 정수 n에 대하여

$f(n) = n! + 1$

로 놓으면 $f(n) \geq 2$이다. 연습문제 4에 의하여 $f(n)$은 소인수 p를 가진다.

$p \geq n$라고 가정하면, $p|n!$, $p|f(n)$이므로

$p|(f(n) - n!) = 1$

로 되어 모순이다. 따라서 $p > n$.

이 결과로부터 소수가 무한히 많음을 알 수 있다.

6. $n < p \leq 2n$인 소수 p에 대하여 $p|(2n)!$, $p \nmid (n!)^2$이다. 따라서

$p|\frac{(2n)!}{(n!)^2} = \binom{2n}{n}$

n과 $2n$ 사이의 소수의 개수는 $\pi(2n) - \pi(n)$이고, 이항정리에 의해

$\binom{2n}{n} < (1+1)^{2n} = 2^{2n}$. 따라서

$$n^{\pi(2n)-\pi(n)} < \prod_{n < p \leq 2n} p \leq \binom{2n}{n} < 2^{2n}$$

양변에 로그를 취하면

$(\pi(2n) - \pi(n))\log_2 n < 2n$즉, $\frac{\pi(2n) - \pi(n)}{n} < \frac{2}{\log_2 n}$

7. $n! - 1$이 소수가 아니라면 그것은 소인수 p를 갖는다. 즉,

$n! - 1 = pm$, $(m \in \mathbb{Z})$.만약 $p \leq n$이면, $p|n!$이고, 따라서

$p|(n! - pm) = 1$이므로 모순이다. 그러므로 $p > n$.

8. 완전제곱수는 $4k$나 $4k+1$의 꼴이다. $p_1 = 2$이고 $p_2, p_3, \cdots, p_n$중에 적어도 하나는 $4k+3$의 꼴이다. 따라서 $p_2 p_3 \cdots p_n$은 $4k+3$의 꼴이다. 그러므로

$P_n = p_1 p_2 \cdots p_n + 1 = 2(4k+3) + 1 = 4(2k+1) + 3$

이고 P_n은 완전제곱수가 아니다.

9. 답은 $p = 3$. 왜냐하면 $p = 3k \pm 1$일 때 $p^2 + 2 = 9k^2 \pm 6k + 3$이 3으로 나누어지므로 $p^2 + 2$는 합성수이다.

10. $n > 3$이므로 $n = 3k$는 합성수이다. $n = 3k+1$일 때, $n+2 = 3(k+1)$은 합성수이다. $n = 3k+2$일 때, $n+4 = 3(k+2)$는 합성수이다.

11. (1) $n^3+1=(n+1)(n^2-n+1)$이고 $n+1\geq 2$이다. $n\geq 2$일 때, $n^2-n+1\geq 3$이므로 n^3+1은 합성수이다. 따라서 n^3+1이 소수인 것은 $n=1$일 때, 즉 $n^3+1=2$이다.

(2) $n^3-1=(n-1)(n^2+n+1)$에서 $n\geq 3$일 때, $n-1\geq 2$이고 $n^2+n+1\geq 13$이므로 n^3-1은 합성수이다. 그리고 $n=1$이면 $n^3-1=0$.

따라서 $n=2$일 때, $n^3-1=7$이다.

(3) $3p+1=n^2$에서 $3p=n^2-1=(n-1)(n+1)$. 따라서 $p=5$뿐이다.

12. (1) $n^4+4=(n^2+2)^2-4n^2=(n^2+2n+2)(n^2-2n+2)$

(2) n이 짝수, 즉 $n=2k$일 때, $n-6=2(k-3)$ 즉, $n=6+2(k-3)$.

n이 홀수, 즉 $n=2k+1$일 때, $n-9=2(k-4)$ 즉, $n=9+2(k-4)$.

13. (1) 사실, 이 문제는 "이등변 직각삼각형은 피타고라스의 세 수가 불가능함"을 의미한다. 만일 존재한다면, 공통인수를 모두 소거하면 되므로 $(x, y)=1$로 가정하자. $2|x^2$이므로 $2|x$ 즉, $x=2X$이다. 그러면 $(2X)^2=2y^2$ 즉 $y^2=2X^2$.

따라서, $2|y^2$이므로 $2|y$. 그러므로$(x, y)\geq 2$이고 모순이다.

(2) $p=x^2-y^2=(x-y)(x+y)$. 양의 정수 x, y에 대하여 $x+y\geq 2$이므로 $x-y=1$.

따라서 $p=2y+1=(y+1)^2-y^2$.

14. $m^4+4k^4=m^4+4m^2k^2+4k^4-4m^2k^2=(m^2+2k^2)^2-(2mk)^2$

$$=(m^2+2k^2-2mk)(m^2+2k^2+2mk)=[(m-k)^2+k^2][(m+k)^2+k^2]$$

그런데 $k\geq 2$이어서 $(m-k)^2+k^2$과 $(m+k)^2+k^2$이 모두 1보다 크므로 m^4+4k^4은 합성수이다.

15. $p=30q+r,\ r\in\{1, 7, 11, 13, 17, 19, 23, 29\}$로 놓으면 $p^2\equiv r^2\ (\mathrm{mod}\,30)$

따라서 $p^2\equiv 1, 19\ (\mathrm{mod}\,30)$

16. $1^1+1=2,\ 2^2+1=5$로 소수이다. $n>1$이 홀수이면 n^n+1이 2보다 큰 짝수이므로 소수가 아니어서 $n>1$은 짝수이다.

만약 $n=2^m a$ ($m\geq 1$, a는 홀수)이면 $n^n+1=(2^m a)^{2^m a}+1$은 $(2^m a)^{2^m}+1$을 약수로 가진다. 따라서 $a=1$ 즉 $n=2^{2^t(2k+1)}$그런데 $2^{2^t}+1\,|\,2^{2^t(2k+1)}+1$이므로 $n=2^{2^t}$

$t=0$일 때 $n^n+1=5$,

$t=1$일 때 $n^n+1=257$,

$t=2$일 때 $n^n+1=16^{16}+1=2^{64}+1>16\cdot 1000^6+1>10^{19}$

따라서 구하는 답은 2, 5, 257

17. $n^5+n^4+1=(n^2+n+1)(n^3-n+1)$

18. p는 홀수이어야 한다. $p=3$일 때 $q=2$. 그리고 $p=5$일 때 $q^2=12$이므로 해가 없다.
이제 p, q가 둘 다 3보다 크다고 하자. 그러면 소수이므로 $p, q \equiv \pm 1 \pmod{6}$
그런데 $(\pm 1)^2-2(\pm 1)^2=-1$이고 $-1 \not\equiv 1 \pmod{6}$이므로 구하는 답은 $(p, q)=(3, 2)$

19. $2n+1=a^2$, $3n+1=b^2$으로 놓으면
$5n+3=4(2n+1)-(3n+1)=4a^2-b^2=(2a+b)(2a-b)$
만약 $2a-b=1$이면 $2a+b=5n+3$ 즉 $2b+1=5n+3$
그런데 $b^2=3n+1$, $2b+1=5n+3$에서 $(b-1)^2=-2n$ 이므로 모순이다.
따라서 $2a-b\neq 1$ $\therefore$ $5n+3$은 소수가 아니다.

20. p가 3보다 큰 소수이면 $p=6n\pm 1$ (n은 자연수)이므로
$p^2-1=(6n\pm 1)^2-1=36n^2\pm 12n=12n(3n\pm 1)$
만약 n이 짝수이면 p^2-1이 24의 배수이다. 만약 n이 홀수이면 $3n\pm 1$이 짝수이므로
p^2-1이 24의 배수이다.

21.(1) mod3에서 $p, p+10, p+14$는 서로 다른 값을 가지므로 그중 하나는 3의 배수이다.
$p=3$일 때에만 $p, p+10, p+14$가 소수이다.
(2) $p>3$이면 세 수 중 하나는 3의 배수이다. ($\because$ p가 3의 배수가 아닐 때 $p=6n\pm 1$)
$p=3$일 때에만 $2p+1=7$, $4p+1=13$으로 $p, 2p+1, 4p+1$ 모두 소수이다.
(3) $p>3$이면 $8p^2+1\equiv -(p^2-1)=-(p-1)(p+1) \pmod{3}$이므로 세 수 중 하나는 3의 배수이다. $p=3$일 때에만 $8p^2+1=73$으로 $p, 8p^2+1$ 모두 소수이다.

연습문제 2.2

1. n에 관한 수학적 귀납법으로 $2^{2^n}\equiv 6 \pmod{10}$, $(n\geq 2)$를 증명하면 된다.
$n=2$일 때, $2^{2^2}=16\equiv 6 \pmod{10}$. n일 때 가정하고 $n+1$일 때 증명하자.
$2^{2^{n+1}}=(2^{2^n})^2\equiv 6^2\equiv 6 \pmod{10}$.

2. $1+p+p^2+\cdots+p^{k-1}=\dfrac{p^k-1}{p-1}<p^k$이므로 $\sigma(p^k)=1+p+\cdots+p^k<2p^k$

4. 완전수는 6, 과잉수는 12, 18, 20, 부족수는 나머지.

5. n에 관한 수학적 귀납법을 이용하라.

6. $n=2^kN^2$, 여기서 $k\geq 0$, N은 자연수. 즉 n은 2^k과 완전제곱수의 곱이다.

7. $n=p^{k-1}$, 여기서 p는 소수. 이 때, $\tau(n)=k$. 따라서 정확히 k개의 양의 약수를 가지는 정수가 무한히 많음을 알 수 있다.

8. $n>1$일 때, $\sigma(n)\geq n+1$. 따라서 $\sigma(n)=k$일 때, $n\leq k-1$. 즉, 방정식 $\sigma(n)=k$는 기껏해야 $k-1$개의 해를 갖는다.

연습문제 3.1

1. 답은 3.
   왜냐하면 $1!+2!+3!+\cdots+10!\equiv 1+2+6+24=33\equiv 3\pmod{10}$
   그리고 $n>4$이면 $10|n!$이다.

2. (1) $2\cdot 3\equiv 0\pmod 6$, $2\not\equiv 0\pmod 6$, $3\not\equiv 0\pmod 6$
   (2) $1^2\equiv 2^2\pmod 3$, $1\not\equiv 2\pmod 3$
   (3) $m^2|a^2\Rightarrow m|a$를 보이면 된다. $a^2=m^2k$, $k\in\mathbb{Z}$에서
   $k=\left(\dfrac{a}{m}\right)^2$이고 $\dfrac{a}{m}\in\mathbb{Z}$ 즉, $m|a$.
   (4) $a(b-c)=ab-ac=km$, $k\in\mathbb{Z}$이고 $a=dr$, $m=ds$, $r,s\in\mathbb{Z}$이다.
   따라서 $r(b-c)=ks$이고 $(r,s)=1$이므로 $s|(b-c)$. 그러므로
   $b\equiv c\pmod s$ 즉, $b\equiv c\pmod{\dfrac{m}{d}}$

3. $a\equiv b\pmod m$이면 $a=mk+b$, $k\in\mathbb{Z}$이므로 $(a,m)=(b,m)$이다.
   역은 성립하지 않는다. $(1,3)=(2,3)$이지만 $1\not\equiv 2\pmod 3$

4. 연습문제 3에 의하여, $a^k \equiv b^k \pmod{m} \Rightarrow (a^k, m) = (b^k, m)$
그런데 $(a, b) = 1$이므로 $(a^k, b^k) = 1$이고, $(a^k, m) = (b^k, m) = d$로 놓으면
$d|a^k$, $d|b^k$ 이므로 $d=1$. $a^{k+1} - b^{k+1} = (a^k - b^k)a + b^k(a-b)$에서
$m|b^k(a-b)$.그런데 $(b^k, m) = 1$이므로 $m|(a-b)$ 즉, $a \equiv b \pmod{m}$

5. $as_i + b \equiv as_j + b \pmod{m} \Rightarrow as_i \equiv as_j \pmod{m} \Rightarrow s_i \equiv s_j \pmod{m}$
$\Rightarrow s_i = s_j$. 그리고 $|T| = m$ 이므로, T는 법 m에 관한 완전잉여계이다.

6. $m_i|(a-b)\ \forall i \rightarrow [m_1, \cdots, m_k]|(a-b)$.반대 방향은
$[m_1, \cdots, m_k]|(a-b)$이고 $m_i|[m_1, \cdots, m_k]\ \forall i$ 이므로 $m_i|(a-b)\ \forall i$

7. (1)과 증명이 비슷하므로 (2)를 증명하겠다.
$f(x) = \sum_{k=0}^{n} a_k x^k$에서 $10 \equiv 1 \pmod{9}$이므로 $f(10) \equiv f(1) \pmod{9}$
그런데 $f(10) = a$, $f(1) = b$이므로 $a \equiv b \pmod{9}$이고
$a \equiv 0 \pmod{9}$일 필요충분조건은 $b \equiv 0 \pmod{9}$이다.
(3) $f(x) = \sum_{k=0}^{n} a_k x^k$에서 $10 \equiv -1 \pmod{11}$이므로 $f(10) \equiv f(-1) \pmod{11}$
그런데 $f(10) = a$, $f(-1) = c$이므로
$a \equiv b \pmod{11}$이고 $a \equiv 0 \pmod{11}$일 필요충분조건은 $c \equiv 0 \pmod{11}$이다.

8. $a = a_n 10^n + a_{n-1} 10^{n-1} + \cdots + a_1 10 + a_0$
$b = a_0 10^n + a_1 10^{n-1} + \cdots + a_{n-1} 10 + a_n$ 일 때,
$a - b = (a_n - a_0)10^n + (a_{n-1} - a_1)10^{n-1} + \cdots + (a_1 - a_{n-1})10 + (a_0 - a_n)$
이므로 계수들의 합이 $(a_n - a_0) + (a_{n-1} - a_1) + \cdots + (a_0 - a_n) = 0$이므로
연습문제 7에 의하여 $a - b$는 9의 배수이다.

9. (1) $f(0) = f(1) = 1 \not\equiv 0 \pmod{2}$
(2) $f(0) = 1,\ f(1) = 2,\ f(2) = 11 \equiv 2 \not\equiv 0 \pmod{3}$
(3) $f(0) = 3,\ f(\pm 1) = 4,\ f(2) = 13 \equiv 3 \not\equiv 0 \pmod{5}, f(-2) = 1 \not\equiv 0 \pmod{5}$

10. $F_n - 1 = 2^n \cdot 2^{2^n - n}$이고 $2^n > n$이므로 $F_n = 1 + 2^n m$, m은 짝수이다.
따라서 $2^{F_n} = 2 \cdot (2^{2^n})^m \equiv 2(-1)^m = 2 \pmod{F_n}$

연습문제 3.2

1. $x \equiv 169 \pmod{440}$

2. 주어진 연립합동식은 $x \equiv 2 \pmod 4$, $x \equiv 6 \pmod 7$, $x \equiv 2 \pmod 5$이고
$x \equiv 62 \pmod{140}$

3. $x \equiv 2 \pmod{55}$, $x \equiv 46 \pmod{55}$

4. (1) 해가 없다.
(2) $x \equiv 19 \pmod{42}$

5. 213

6. $2^{15} \cdot 3^{10} \cdot 5^{6}$

7. 2101

8. $x \equiv 2{,}46 \pmod{55}$

연습문제 4.1

1. 페르마 정리에 의해 $3^{22} \equiv 1 \pmod{23}$이고 $3^{91} = (3^{22})^4 3^3 \equiv 3^3 = 27 \equiv 4 \pmod{23}$이므로 구하는 나머지는 4이다.

2. (1) $r = \dfrac{n_1 + \cdots + n_{p-1}}{(p-1)!}$, $n_i = \dfrac{(p-1)!}{i} \, (i = 1, \cdots, p-1)$.
Wilson정리에 의해 $(p-1)! \equiv -1 \pmod p$이므로 $p \nmid (p-1)!$이다.
$f(x) = (1-x)(2-x) \cdots (p-1-x) + 1 - x^{p-1} = a_0 + a_1 x + a_2 x^2 + \cdots$에서
$a_1 = -(n_1 + \cdots + n_{p-1})$이다. 그런데 $p | a_i \ (i = 1, \cdots, p-1)$이므로 $p | (n_1 + \cdots + n_{p-1})$

(2) $a_0=(p-1)!+1$이고 $a_0+a_1p+a_2p^2+\cdots=f(p)=(p-1)!+1-p^{p-1}$이다.

따라서 $a_1p+a_2p^2+a_3p^3+\cdots=-p^{p-1}$이므로 $a_1=-p^{p-2}-a_2p-a_3p^2-\cdots$이다.

그러므로 $p>3$일 때, $p^2|a_1$ 즉 $p^2|(n_1+\cdots+n_{p-1})$

3. $561=3\times 11\times 17$, $645=3\times 5\times 43$

4. $(b, n)=1$인 양의 정수 n에 대하여 $(b, p_i)=1$, $(i=1, \cdots, k)$이고 페르마 정리에 의해
$b^{p_i-1}\equiv 1 \pmod{p_i}$, $(i=1, \cdots, k)$이다. 각각의 i, $(i=1, \cdots, k)$에 대하여
$n-1=(p_i-1)t_i$ 인 정수 t_i가 존재한다. 이 때
$b^{n-1}=(b^{p_i-1})^{t_i}\equiv 1^{t_i}=1 \pmod{p_i}$, $(i=1, \cdots, k)$이므로 3.1절의 결과에 의해
$b^{n-1}\equiv 1 \pmod{p_1p_2\cdots p_k}$ 즉 $b^{n-1}\equiv 1 \pmod{n}$. 따라서 n은 카마이클 수이다.

5. 각 정수 k에 대하여 $k\equiv -(p-k) \pmod p$이므로

$$1\cdot 3\cdot \cdots \cdot (p-4)\cdot (p-2)\equiv (-1)^{\frac{p-1}{2}}(p-1)\cdot (p-3)\cdot \cdots \cdot 4\cdot 2 \pmod p$$

이고, 윌슨 정리에 의해 $(p-1)!\equiv -1 \pmod p$이다. 따라서

$$\begin{aligned}
&1^2\cdot 3^2\cdot \cdots \cdot (p-4)^2\cdot (p-2)^2\\
&=[1\cdot 3\cdot \cdots \cdot (p-4)\cdot (p-2)][1\cdot 3\cdot \cdots \cdot (p-4)\cdot (p-2)]\\
&\equiv (-1)^{\frac{p-1}{2}}1\cdot 3\cdot \cdots \cdot (p-4)\cdot (p-2)\cdot 2\cdot 4\cdot \cdots \cdot (p-3)\cdot (p-1)\\
&\equiv (-1)^{\frac{p-1}{2}}(p-1)!\equiv (-1)^{\frac{p-1}{2}}(-1)=(-1)^{\frac{p+1}{2}} \pmod p.
\end{aligned}$$

6. 페르마 정리에서 $a^7-a\equiv a-a=0 \pmod{2, 3, 7}$

7. $n=37\times 73$이므로 $2^{n-1}\equiv 1 \pmod{37}$, $2^{n-1}\equiv 1 \pmod{73}$을 보이면 된다.
페르마 정리에 의해 $2^{36}\equiv 1 \pmod{37}$이고 $36|2700$이므로
$2^{n-1}\equiv 1 \pmod{37}$이다. 한편 페르마 정리에 의해 $2^{72}\equiv 1 \pmod{73}$이고
$72\nmid 2700$이지만 $2^{18}\equiv 1 \pmod{73}$이므로 $2^{n-1}\equiv 1 \pmod{73}$.

8. $n=4q+r$ $(0\leq r\leq 3)$라 놓자. $a\not\equiv 0 \pmod 5$이면 페르마 정리에 의해
$a^n=(a^4)^qa^r\equiv a^r \pmod 5$이므로 $1^n+2^n+3^n+4^n\equiv 1^r+2^r+3^r+4^r \pmod 5$
이제 $4|n$ 즉 n이 4의 배수이면 $r=0$이고 $1^r+2^r+3^r+4^r=4$이므로 5는
$1^n+2^n+3^n+4^n$을 나누지 않는다. 역으로 $4\nmid n$이면 $r=1,2,3$이고

$1^1+2^1+3^1+4^1=10=2\times 5,\ 1^2+2^2+3^2+4^2=30=6\times 5$

$1^3+2^3+3^3+4^3=100=20\times 5.$

9. $n^5-n=(n-1)n(n+1)(n^2+1)$에서 $(n-1)n(n+1)$은 6의 배수이고 페르마 정리에 의해 $n^5\equiv n \pmod{5}$이므로 n^5-n은 5의 배수이다. $\therefore\ 30\mid n^5-n$

n이 홀수일 때, $n-1, n+1, n^2+1$이 짝수이므로 $120\mid n^5-n$

연습문제 4.2

1. $m\ge 3$이면 m은 다음 두 가지 중 하나다.

(i) $m=2^k\ (k\ge 2)$

(ii) $m=p^ek\quad (p$는 홀수인 소수, $e\ge 1,\ (k,p)=1)$

그런데 (i)의 경우에 $\phi(m)=\phi(2^k)=2^{k-1}$이므로 $\phi(m)$은 짝수이다.

(ii)의 경우에 $\phi(m)=\phi(p^ek)=\phi(p^e)\phi(k)=p^{e-1}(p-1)\phi(k)$이므로 $\phi(m)$은 짝수이다.

2. $\phi(m)/m=\prod_{p\mid m}\left(1-\frac{1}{p}\right)$이고 $\phi(n)/n=\prod_{q\mid n}\left(1-\frac{1}{q}\right)$이다.(여기서 p, q는 소수)

따라서 $\phi(m)\phi(n)/mn=\prod_{p,q}\left(1-\frac{1}{p}\right)\left(1-\frac{1}{q}\right).$

한편, mn을 나누는 소수 r은 m이나 n을 나누므로

$\phi(mn)/mn=\prod_{r\mid mn}\left(1-\frac{1}{r}\right)\ge \prod_{p,q}\left(1-\frac{1}{p}\right)\left(1-\frac{1}{q}\right).$

그리고 $p=q$인 경우가 없을 때, 즉 $\gcd(m,n)=1$일 때 등호가 성립한다.

3. 소수의 거듭제곱 p^e이 n을 나누면, $(p-1)p^{e-1}$은 $\phi(n)=m$을 나눈다.

따라서 $p^e\le mp/(p-1)\le 2m$. 그러므로 $2m$ 이하인 소수의 거듭제곱이 유한 개만 존재하고 그러한 소수의 거듭제곱들의 곱도 유한 개만 존재한다.

4. $\phi(d)=d\prod_{p\mid d}\left(1-\frac{1}{p}\right)$이고 $\phi(m)=m\prod_{q\mid m}\left(1-\frac{1}{q}\right)$이므로

$\phi(m)/\phi(d)=(m/d)\prod_{r\mid m, r\nmid d}\left(1-\frac{1}{r}\right)$. 따라서 $\phi(m)/\phi(d)$는

$\prod_r r \cdot \prod_r \left(1-\frac{1}{r}\right) = \prod_r (r-1) \in \mathbb{Z}$의 배수이므로 정수이다.

5. $\phi(m^2) = m^2 \prod_{p|m^2} \left(1-\frac{1}{p}\right) = m^2 \prod_{p|m} \left(1-\frac{1}{p}\right) = m\phi(m)$

6. $(n, k)=1$과 $(n, n-k)=1$이 동치임을 이용하자.

$$\sum_{1 \leqq k \leqq n,\ (n,k)=1} k = \frac{1}{2}\left[\sum k + \sum (n-k)\right] = \frac{1}{2}\sum n = \frac{1}{2} n\phi(n)$$

7. 오일러 정리에 의해 $m^{\phi(n)} \equiv 1 \pmod n$이고, 자명하게 $n^{\phi(m)} \equiv 0 \pmod n$.
$m^{\phi(n)} + n^{\phi(m)} \equiv 1 \pmod n$. 같은 방법으로 $m^{\phi(n)} + n^{\phi(m)} \equiv 1 \pmod m$.
$(m, n)=1$이므로 $m^{\phi(n)} + n^{\phi(m)} \equiv 1 \pmod{mn}$.

8. $\phi(256)=128$, $1986 = 128 \cdot 15 + 66$오일러 정리에 의해 $27^{1986} \equiv 27^{66} \pmod{256}$
$27^{64} \equiv (-39)^{32} \equiv (-15)^{16} \equiv (-31)^8 \equiv (-63)^4 \equiv 129^2 \equiv 1 \pmod{256}$
이므로 $27^{66} \equiv 27^2 \equiv -39 \equiv 217 \pmod{256}$
따라서 구하는 답은 11011001_2

연습문제 4.3

1. $f(n)=n^k$은 곱셈함수이고 $\sigma_k(n) = \sum_{d|n} d^k = \sum_{d|n} f(d)$이므로 σ_k는 곱셈함수이다.

2. m이나 n이 짝수이면 $\chi(mn)=0=\chi(m)\chi(n)$. 이제 m과 n이 홀수라고 하자.
$m \equiv n \pmod 4$이면 $\chi(mn)=1=\chi(m)\chi(n)$이고, $m \not\equiv n \pmod 4$이면
$\chi(mn)=-1=\chi(m)\chi(n)$이다.

3. $g(n)=\tau_1(n)-\tau_3(n)=\sum_{d|n}\chi(d)$이므로, 연습문제 2에 의해 g는 곱셈함수이다. $g(2^e)=1$.
소수 $p \equiv 1 \pmod 4$에 대하여, $g(p^e)=e+1$. 그리고 소수 $q \equiv 3 \pmod 4$에 대하여, e가 짝수이면 $g(q^e)=1$, e가 홀수이면 $g(q^e)=0$.따라서 $n=2^e \prod p_i^{e_i} \prod q_j^{f_j}$ 일 때, 모든 f_j가

짝수이면 $g(n) = \prod (e_i + 1)$이고 어떤 f_j가 홀수이면 $g(n) = 0$이다.

4. $g(n)$을 1의 원시 복소 n승근들의 합이라 하자. 그러면 $\sum_{d|n} g(d)$는 1의 복소 n승근들의 합이다. 즉, 이것은 $\sum_{j=1}^{n} \zeta^j \quad (\zeta = e^{2\pi i/n})$이다. 그런데 $n=1$일 때 $\sum_{j=1}^{n} \zeta^j = 1$이고, $n > 1$일 때 $\sum_{j=1}^{n} \zeta^j = 0$이므로 $\sum_{d|n} g(d) = \sum_{j=1}^{n} \zeta^j = \delta(n)$

따라서 뫼비우스 반전공식에 의해

$$g(n) = \sum_{d|n} \mu(d) \delta\left(\frac{n}{d}\right) = \mu(n)$$

5. 좌변을 $F(n)$라 하자. μ와 f가 곱셈함수이므로 μf도 곱셈함수이고 F도 곱셈함수이다. 표준분해 $n = p_1^{e_1} \cdots p_r^{e_r}$에 대하여 $F(n) = F(p_1^{e_1}) \cdots F(p_r^{e_r})$이다. 여기서

$$F(p_i^{e_i}) = \sum_{d|p_i^{e_i}} \mu(d) f(d) = \mu(1) f(1) + \mu(p_i) f(p_i) = 1 - f(p_i)$$

이므로 $F(n) = \prod_{p|n} (1 - f(p))$이다.

연습문제 5.1

1. a가 법 m에 관한 원시근일 때, U_m은 a로 생성된 위수 $\phi(m)$인 순환군이다. $\gcd(i, \phi(m)) = 1$인 i에 대하여 a^i은 법 m에 관한 원시근이다. 따라서 법 m에 관한 원시근 a^i의 개수는 $\phi(\phi(m))$이다.

2. $x = 1,\ y = 2$

3. 3.1절의 연습문제 3에 의해 $(b, m) = (a, m) = 1$이므로 법 m에 관한 b의 위수를 생각할 수 있다. 한편, $a \equiv b \pmod{m}$이므로 $a^s \equiv 1 \pmod{m} \Leftrightarrow b^s \equiv 1 \pmod{m}$이고 따라서 a와 b의 위수가 같다.

4. n에 관한 수학적 귀납법으로 증명한다. $n=0$일 때 성립한다. n일 때 성립한다고 가정하고 $n+1$일 때 증명하자.

$5^{2^{n+1}}-1=(5^{2^n})^2-1=(5^{2^n}-1)(5^{2^n}+1)$

귀납법 가정에 의해 $2^{n+2} \parallel (5^{2^n}-1)$이고, $5^{2^n} \equiv 1 \pmod 4$이므로 $2 \parallel (5^{2^n}+1)$이다.

따라서 $2^{n+3} \parallel (5^{2^{n+1}}-1)$.

5. $(r, s)=1$이므로 $\phi(m)=\phi(r)\phi(s)$이다. $r, s>2$이므로 $\phi(r), \phi(s)$는 짝수이고 $\phi(m)$은 4의 배수이다. 따라서 $e=\phi(m)/2$는 $\phi(r), \phi(s)$로 나누어진다.

$a \in U_m$이면 $a \in U_r$, $a \in U_s$이므로 오일러 정리에 의해 $a^{\phi(r)} \equiv 1 \pmod r$, $a^{\phi(s)} \equiv 1 \pmod s$이다. $\phi(r), \phi(s)$가 e를 나누므로 $a^e \equiv 1 \pmod r$, $a^e \equiv 1 \pmod s$이다. $(r,s)=1$이므로 $a^e \equiv 1 \pmod{rs}$ 즉 $a^e \equiv 1 \pmod m$. $e<\phi(m)$이므로 법 m에 관한 원시근이 존재하지 않는다.

6. $U_2=\{1\}$, $U_4=\{1,3\}$는 각각 1,3으로 생성된 순환군이다. 따라서 $k \geq 3$에 대하여 U_{2^k}이 순환군이 아님을 증명하면 충분하다. 즉, 홀수 a에 대하여 $a^{2^{k-2}} \equiv 1 \pmod{2^k}$을 보임으로써 U_{2^k}은 위수 $\phi(2^k)=2^{k-1}$인 원소를 가지지 않음을 증명하면 충분하다. k에 대한 수학적 귀납법으로 위 합동식을 증명하자.

$k=3$일 때, $a^2=(2b+1)^2=4b(b+1)+1 \equiv 1 \pmod 8$이므로 성립한다.

k일 때 가정하고, $k+1$일 때 증명하자. 적당한 정수 t에 대하여 $a^{2^{k-2}}=1+2^k t$ 이다. 양변을 제곱하면 $a^{2^{(k+1)-2}}=(1+2^k t)^2=1+2^{k+1}t+2^{2k}t^2 \equiv 1 \pmod{2^{k+1}}$이므로 $k+1$일 때 위 합동식은 성립한다. 증명 끝.

7. U_{2^k}에서 원소 5의 위수를 m이라 하자. 오일러 정리에 의해 m은 $\phi(2^k)=2^{k-1}$을 나눈다. 따라서 $m=2^l\,(l \leq k-1)$이다. 연습문제 6에 의하여 U_{2^k}은 위수가 2^{k-1}인 원소를 갖지 않으므로 $l \leq k-2$. 연습문제 4에서 $n=k-3$을 대입하면 $2^{k-1} \parallel (5^{2^{k-3}}-1)$이다. 즉, $5^{2^{k-3}} \not\equiv 1 \pmod{2^k}$이므로 $l>k-3$이다. 그러므로 $l=k-2$, $m=2^{k-2}$. 즉, 5는 U_{2^k}에서 2^{k-2}개의 서로 다른 거듭제곱 $5^i\,(0 \leq i<2^{k-2})$을 갖는다. $5 \equiv 1 \pmod 4$이므로 U_{2^k}에서 $5^i\,(0 \leq i<2^{k-2})$은 U_{2^k}의 2^{k-1}개의 원소 $1, 3, 5, \cdots, 2^k-1$의 정확히 절반이다. 나머지 절반은 $-1 \pmod 4$와 합동이므로 각 원소는 -5^i의 형태이다. 증명 끝.

참고로, U_{2^k}은 각각 -1과 5로 생성된, 각각의 위수가 2와 2^{k-2}인 순환군의 직적(direct product)이라고 볼 수 있다. 즉, $U_{2^k} \cong C_2 \times C_{2^{k-2}}$이다.

연습문제 5.2

1. 법 23에 관한 원시근 5에 대해 $4 \equiv 5^4 \pmod{23}$이다. $x=5^i$로 놓으면 $5^{6i} \equiv 5^4 \pmod{23}$에서 $6i \equiv 4 \pmod{22}$를 얻고 그 해는 $i \equiv 8, 19 \pmod{22}$
따라서 $x \equiv 5^8, 5^{19} \pmod{23}$ 즉 $x \equiv 7, 16 \pmod{23}$

2. 5.1절의 연습문제 7에 의해 U_{32}에서 $x = \pm 5^i \ (0 \le i < 8)$이고
$7 \equiv -5^2 \pmod{32}$이다. 따라서 $-5^2 = (\pm 5^i)^{11} = \pm 5^{11i}$ 이므로 $x = -5^i$이고
$11i \equiv 2 \pmod 8$ 즉 $i \equiv 6 \pmod 8$그러므로 $x = -5^6 \equiv 23 \pmod{32}$.

3. $520 = 2^3 \cdot 5 \cdot 13$이고 $U_{520} \cong U_8 \times U_5 \times U_{13} \cong (C_2 \times C_2) \times C_4 \times C_{12}$이다. 따라서
$e(520) = 12$. 한편 $123 \equiv 3 \pmod{12}$이므로
$11^{123} \equiv 11^3 = 1331 \equiv 291 \pmod{520}$

연습문제 6.1

1. $\{1, 2, 7, 11\}$. 왜냐하면 $\mathbb{Z}_{15}$에서 $b^2 - 4ac = 1$의 네 제곱근이 $\pm 1, \pm 4$이고, 근의 공식을 이용하면 된다.

2. $Q_1 = Q_2 = Q_3 = Q_4 = Q_6 = Q_8 = Q_{12} = \{1\}$, $Q_5 = \{1, 4\}$, $Q_7 = \{1, 2, 4\}$,
$Q_9 = \{1, 4, 7\}$, $Q_{10} = \{1, 9\}$, $Q_{11} = \{1, 3, 4, 5, 9\}$

3. $\phi(m)$개의 단원 $s \in U_m$에 대하여 $s^2 = a \in Q_m$이고, 각각의 $a \in Q_m$는 N개의 제곱근 $s \in U_m$을 갖는다. 따라서 $\phi(m) = |Q_m| N$이다.

4. $\left(\frac{-2}{p}\right) = \left(\frac{-1}{p}\right)\left(\frac{2}{p}\right)$이므로
$-2 \in Q_p \Leftrightarrow \left(\frac{-1}{p}\right) = \left(\frac{2}{p}\right)$

따라서 위는 $p \equiv 1,3 \pmod 8$와 동치이다.

5. $-3 \in Q_2$이므로 p를 홀수인 소수라고 가정하자. 그러면

$$\left(\frac{-3}{p}\right)=\left(\frac{-1}{p}\right)\left(\frac{3}{p}\right)=(-1)^{(p-1)/2}(-1)^{(p-1)(3-1)/4}\left(\frac{p}{3}\right)=\left(\frac{p}{3}\right)$$

이므로 $p \equiv 1 \pmod 3 \Leftrightarrow \left(\frac{p}{3}\right)=1$

p가 홀수이므로 $p \equiv 1 \pmod 3 \Leftrightarrow p \equiv 1 \pmod 6$

따라서 $\left(\frac{-3}{p}\right)=1 \Leftrightarrow p \equiv 1 \pmod 6$

6. $8n-1$의 꼴인 소수가 유한 개 $q_1,\cdots,q_t$만 존재한다고 가정하자.

$N=(4q_1 \cdots q_t)^2-2$로 놓고, p를 N의 홀수인 소인수라고 하자.

$(4q_1 \cdots q_t)^2-2 \equiv 0 \pmod p$이므로 $2 \in Q_p$이고, $p \equiv \pm 1 \pmod 8$이다.

N의 홀수인 소인수가 모두 $8n+1$의 꼴이면

$N \equiv 2 \pmod 8$이지만 사실 $N \equiv -2 \pmod 8$이다. 따라서 $8n-1$의 꼴인 소인수 q가 적어도 하나 존재한다. $q|N$, $q|(4q_1 \cdots q_t)^2$이고 따라서 $q|2$로 되어 모순이 생긴다. 그러므로 $8n-1$의 꼴인 소수가 많다.

7. $(p-1)/2=2k+1$이므로, 오일러의 규준에 의해 $a^{2k+1} \equiv 1 \pmod p$.

따라서 $(\pm a^{k+1})^2=a^{2k+1}a \equiv a \pmod p$

8. (1) 연습문제 7에 의해 $x=\pm 46^{15} \equiv \pm 39 \equiv 20,39 \pmod{59}$

(2) $(18x-24)^2 \equiv 108 \equiv -10 \pmod{59}$이고 연습문제 7에 의해

$18x-24 \equiv \pm 10^{15} \equiv \pm 7 \pmod{59}$. 따라서 $x \equiv 5,37 \pmod{59}$

연습문제 7.1

1. $130=11^2+3^2=9^2+7^2$, $260=8^2+14^2$, $847=7 \cdot 11^2 \notin S_2$, $980=28^2+14^2$,

$1073=28^2+17^2$

2. $x^2+y^2=50$이므로 $|x|, |y| \leqq \sqrt{50}$.따라서 다음 12개의 순서쌍이 있다.
$(\pm 1, \pm 7)$, $(\pm 7, \pm 1)$, $(\pm 5, \pm 5)$

3. (1) $\Rightarrow$ (2): $\mathbb{Z}[i]$에서 $uv=1$이면, $\mathbb{Z}$에서 $d(u)d(v)=1$이므로 $d(u)=1$
(2) $\Rightarrow$ (3): $u=x+iy$이면 $1=d(u)=x^2+y^2$에서 $x=\pm 1, y=0$과 $x=0, y=\pm 1$
(3) $\Rightarrow$ (1): $\pm 1, \pm i$는 $\mathbb{Z}[i]$에서의 역원 $\pm 1, \mp i$을 갖는다.

4. $221=13 \cdot 17$이므로 $r(221)=4 \cdot 2 \cdot 2=16$. 한편 $221=z\bar{z}$인 z는 $z=u(3\pm 2i)(4\pm i)$에서 $z=u(10\pm 11i)$ 혹은 $z=u(14\pm 5i)$. 따라서 $221=10^2+11^2$ 혹은 $221=14^2+5^2$.

5. $14=1^2+2^2+3^2$의 경우 $3! \cdot 2^3=48$이고, $11=1^1+1^1+3^2$의 경우 $3 \cdot 2^3=24$이다.

6. $28=5^2+1^2+1^2+1^2, 4^2+2^2+2^2+2^2, 3^2+3^2+3^2+1^2$에서 각각의 경우
$4 \cdot 2^4=64$이고 답은 192.

7. $(x+1)^3-x^3=y^2$으로 놓자. $3x^2+3x+1=y^2$의 양변에 4를 곱하면
$3(2x+1)^2=(2y-1)(2y+1)$
그런데 $(2y-1,2y+1)=(2y-1,2)=1$이므로
(i) $2y-1=3m^2$, $2y+1=n^2$일 때, $n^2-3m^2=2 \Rightarrow n^2 \equiv 2 \pmod 3$이므로 모순이다.
($\because$ $n^2 \equiv 0,1 \pmod 3$)
(ii) $2y-1=m^2$, $2y+1=3n^2$일 때, $m=2k+1$로 놓으면
$2y=4k^2+4k+2=2[(k+1)^2+k^2]$즉 $y=(k+1)^2+k^2$

연습문제 7.2

1. 소수 p가 ab를 나누면, a나 b를 나누고, a^2이나 b^2을 나눈다. 만약 p가 a^2+b^2를 나누면, a^2과 b^2을 둘 다 나눈다. 따라서 a와 b를 둘 다 나누는데 $(a,b)=1$이므로 모순이다.
2. $(x, y)=1$라고 가정해도 좋다. (y^2, z, x^2)은 원시적인 피타고라스의 세 수이다. y가 홀수라면 $y^2=u^2-v^2$, $z=2uv$, $x^2=u^2+v^2$이므로 다음을 얻는다.
$u^4-v^4=(xy)^2$, $u<x$

y가 짝수이면 $y^2=2uv$, $z=u^2-v^2$, $x^2=u^2+v^2$, $(u, v)=1$이다.

만약 v가 홀수이면 $(2u,v)=1$, $(2u)v=y^2$이므로, $2u=(2a)^2$, $v=b^2$이고 $x^2=4a^4+b^4$이어서 $(2a^2, b^2, x)$는 원시적인 피타고라스의 세 수이다.

즉 $2a^2=2de$, $b^2=d^2-e^2$, $x=d^2+e^2$, $(d, e)=1$. $a^2=de, (d, e)=1$이므로$d=f^2$, $e=g^2$이고 $f^4-g^4=b^2$, $f<x$ v가 짝수이면 $u=a^2$, $2v=(2b)^2$로 놓고 위와 같은 방법으로 하면 $x_1^4-y_1^4=z_1^2$, $x_1<x$인 양의 정수해 x_1, y_1, z_1이 존재한다.

3. (a, b, c)를 피타고라스의 세 수라 하자. 삼각형의 넓이가 $ab/2=d^2$라면 $2ab=4d^2$이다. $a^2+b^2=c^2$에서 $(a+b)^2=c^2+4d^2$, $(a-b)^2=c^2-4d^2$ 따라서 $(a^2-b^2)^2=c^4-(2d)^4$. 연습문제 2에 의해 방정식 $x^4-y^4=z^2$의 양의 정수해 x, y, z는 존재하지 않으므로 $a=b$이고 정리 2에 의해 모순이다.

4. 피타고라스의 세 수 (a, b, c)에서 $c=2b$이면 $a^2+b^2=4b^2$ 즉 $a^2=3b^2$. $3|a$이므로 $3|b$. 따라서 $3|c$. 즉 $a=3a_1$, $b=3b_1$, $c=3c_1$에서 (a_1, b_1, c_1)은 더 작은 피타고라스의 세 수이고 $c_1=2b_1$이다. 모순이다. 그러므로 $\sqrt{3}\neq a/b$ $(a,b\in\mathbb{Z})$이고 $\sqrt{3}$은 무리수이다.

5. $(a, b)=1$, $(a, c)=1$, $(b, c)=1$이므로 세 정수 중에서 많아야 하나만이 5의 배수이다. 이제 a와 b가 모두 5의 배수가 아니라고 하자. 이 때, $a^2, b^2\equiv\pm1 \pmod 5$이므로 $c^2=a^2+b^2\equiv 0, 2, -2 \pmod 5$이다. 그런데 6장의 결과에 의해,

$$\left(\frac{2}{5}\right)=(-1)^{\frac{25-1}{8}}=-1, \left(\frac{-2}{5}\right)=\left(\frac{-1}{5}\right)\left(\frac{2}{5}\right)=(-1)^{\frac{5-1}{2}}(-1)=-1$$

이므로 $c^2\equiv 0 \pmod 5$이고 c는 5의 배수이다.

6. (1) 어떤 것도 3의 배수가 아니라면, $1+1\equiv 1 \pmod 3$이므로 모순이다.

(2) x, y, z 중 어떤 것도 4의 배수가 아니라면, x, z가 홀수이고 $y=4q+2$로 가정해도 좋다. $1+4\equiv 1 \pmod 8$이므로 모순이다.

7. $z^2-x^2=y^2-z^2 \Leftrightarrow x^2+y^2=2z^2 \Leftrightarrow (y-x)^2+(x+y)^2=(2z)^2$

따라서 $y-x=u^2-v^2$, $x+y=2uv$, $2z=u^2+v^2$이므로

$$x=\frac{2uv-u^2+v^2}{2},\ y=\frac{u^2-v^2+2uv}{2},\ z=\frac{u^2+v^2}{2}$$

여기서, u, v $(u>v)$는 같은 홀짝성을 갖는다.

연습문제 7.3

1. $\frac{1}{x}+\frac{1}{y}=\frac{1}{2} \Rightarrow x=\frac{2y}{y-2}=2+\frac{4}{y-2}$

x가 정수이므로 $y-2$는 4의 약수이고, $y-2=\pm 1, \pm 2, \pm 4$에서 $y=3, 1, 4, 0, 6, -2$. 그런데 y는 0이 될 수 없으므로, 구하는 답은

$(x, y)=(6, 3), (-2, 1), (4, 4), (3, 6), (1, -2)$

2. $y=\frac{20-7x}{3}$에서 $(x, y)=(2, 2)$

3. $y=\frac{x+1}{x-1}=1+\frac{2}{x-1}$에서 $(x, y)=(2, 3), (3, 2)$

4. $x=1$이면 만족하는 y의 값은 존재하지 않는다. $x \neq 1$이면 $y=\frac{x}{x-1}$

y가 정수이기 위해 $x=0$이나 $x=2$. 따라서 구하는 정수해는 $(x, y)=(2, 2)$

5. $2n-5=k$, $3n+25=mk$ (여기서 m은 양의 정수, k는 0이 아닌 정수)에서 $(2m-3)k=65$를 얻고 $k=\pm 1, \pm 5, \pm 13, \pm 65$, $2m-3=\pm 65, \pm 13, \pm 5, \pm 1$ (복호동순) 이들 중 양의 정수 m과 그 때의 n을 구하면

$(m, k, n)=(34, 1, 3), (8, 5, 5), (4, 13, 9), (2, 65, 35)$

즉, 구하는 n은 3, 5, 9, 35

6. $b \neq 0$이므로, b에 관한 이차방정식 $2b^2+(a^2-3a)b+3a^2+a=0$을 얻고, 판별식은 $a(a+1)^2(a-8)$. b가 양의 정수해가 되기 위해 $a(a-8)$은 어떤 정수의 제곱이어야 한다. 즉 $a(a-8)=c^2$. 따라서 $(a-4+c)(a-4-c)=16$에서

$(a, c)=(0, 0), (8, 0), (-1, 3), (9, 3), (9, -3)$. 그러므로

$(a, b)=(-1, -1), (8, -10), (9, -6), (9, -21)$

7. $k=\frac{abc-1}{(a-1)(b-1)(c-1)}$라 놓으면 $k<\frac{a}{a-1}\cdot\frac{b}{b-1}\cdot\frac{c}{c-1}$이고 우변의 최대값은 $a=2, b=3, c=4$일 때이고 $k<\frac{2}{1}\cdot\frac{3}{2}\cdot\frac{4}{3}=4$. 또한

$k > \dfrac{abc-1}{(a-1)bc} = \dfrac{abc-1}{abc-bc} > 1$. 따라서 $k=2,3$

$a \geqq 4$일 때, $k < \dfrac{4}{3} \cdot \dfrac{5}{4} \cdot \dfrac{6}{5} = 2$ 이므로 $a=2,3$ 따라서 (a,k)의 가능성은

$(a, k) = (2, 2), (2, 3), (3, 2), (3, 3)$. 그러므로 구하는 답은

$(a, b, c) = (2, 4, 8), (3, 5, 15)$

8. $n=2k$일 때, $2^n+1 = 4^k+1 \equiv 1^k+1=2 \pmod 3$

$n=2k+1$일 때, $2^n+1 = 2 \cdot 4^k+1 \equiv 2 \cdot 1^k+1=3 \equiv 0 \pmod 3$

따라서 답은 모든 홀수이다.

9. 유클리드 호제법의 역순으로 $1=33 \cdot 7-23 \cdot 10$, 즉 $a=7, b=-10$은 주어진 방정식의 특수근이다. 따라서 $33(x-a)+23(y-b)=0$즉, $33(x-a)=-23(y-b)$. $(33, 23)=1$이므로 $x-a=-23k, y-b=33k$즉, $x=7-23k$, $y=-10+33k$(여기서 k는 임의의 정수).

10. $n^3+100=(n+10)(n^2-10n+100)-900$에서 $(n+10)|(n^3+100)$일 필요충분조건은 $(n+10)|900$ 이다. 따라서 구하는 답은 890

11. x가 3의 배수일 때, $x^2 \equiv 0 \pmod 3$, $x^4 \equiv 0 \pmod 3$이고, x가 3의 배수가 아닐 때, $x^2 \equiv 1 \pmod 3$, $x^4 \equiv 1 \pmod 3$이다. 따라서

$x^4+y^4=1992 \equiv 0 \pmod 3$은 x, y가 모두 3의 배수일 때만 가능하다.

그러면 x^4+y^4은 3^4의 배수인데 $3^4 \nmid 1992$이므로 모순이다.

12. $S_m = \displaystyle\sum_{n=1}^{m} \frac{n}{x^n}$이라 하면,

$(x-1)S_m = S_m - x \cdot S_m = 1+\dfrac{1}{x}+\dfrac{1}{x^2}+\cdots+\dfrac{1}{x^{m-1}}-\dfrac{m}{x^m}$

$x=1$이면 $\displaystyle\sum_{n=1}^{\infty}\frac{n}{x^n}=\sum_{n=1}^{\infty} n=\infty$이므로 모순.

$x \geqq 2$이면 $S_m = \dfrac{1}{x-1}\left(\dfrac{1-(1/x)^m}{1-1/x}\right)-\dfrac{1}{x-1}\cdot\dfrac{m}{x^m}$

그런데 $\displaystyle\lim_{m\to\infty}(1/x)^m=0$, $\displaystyle\lim_{m\to\infty}\frac{m}{x^m}=0$이므로 $\displaystyle\lim_{m\to\infty}S_m=\frac{x}{(x-1)^2}$.

따라서 $(x-1)^2=1$에서 $x=2$

13. $x \geqq 1$이므로 $x+y+z+u \geqq u+yz$즉 $x+y+z \geqq yz$

그리고 $z > x$, $z > y$이므로 $x+y+z < 3z$. 따라서 $yz < 3z$즉 $y < 3$
그런데 $1 \le x < y$에서 $x=1, y=2$. 이것을 원래의 식에 대입하면
$1+2+z+u=u+2z$따라서 $z=3$. 그리고 u는 무엇이든 가능하다.

14. z에 임의의 정수 m을 대입하여도 $3x+5y=6-4m$ 은 정수해 x, y를 가진다.
$(\because (3,5)=1)$.$x_0=-3(6-4m), y_0=2(6-4m)$가 특수해이므로 일반해는
$x=-3(6-4m)+5k,\ y=2(6-4m)-3k$. 따라서 구하는 답은
$x=-18+12m+5k,\ y=12-8m-3k,\ z=m$

15. $n=1, 3$

16. $n=1$

17. $1004 \equiv 4 \pmod 5$. 오일러 정리에 의해서
(i) x, y가 둘 다 5의 배수인 경우 $x^4+y^4 \equiv 0 \pmod 5$
(ii) x, y둘 중 하나만 5의 배수인 경우 $x^4+y^4 \equiv 1 \pmod 5$
(iii) x, y가 둘 다 5의 배수가 아닌 경우 $x^4+y^4 \equiv 2 \pmod 5$
이므로 준식의 정수해는 없다.

18. $(x, y)=(13, 73), (50, 50), (87, 27), (124, 4)$

연습문제 8.1

1. (1) $71=55\cdot 1+16$
$55=16\cdot 3+7$
$16=7\cdot 2+2$
$7=2\cdot 3+1$
$2=1\cdot 2 \quad \therefore \dfrac{71}{55}=[1;3, 2, 3, 2]$

(2) $-19=51\cdot(-1)+32$
$51=32\cdot 1+19$
$32=19\cdot 1+13$

$19=13\cdot 1+6$

$13=6\cdot 2+1$

$6=1\cdot 6 \therefore -\dfrac{19}{51}=[-1;1,1,1,2,6]$

2. (1) $-\dfrac{710}{457}$ (2) $\dfrac{321}{460}$

3. $C_0=1,\ C_1=[1;2]=1+\dfrac{1}{2}=\dfrac{3}{2},\ C_2=[1;2,3]=\dfrac{10}{7},\ C_3=[1;2,3,3]=\dfrac{33}{23},$

$C_4=[1;2,3,3,2]=\dfrac{76}{53},\ C_5=[1;2,3,3,2,1]=\dfrac{109}{76}$

(별해) $p_0=a_0=1,\ q_0=1$

$p_1=a_1a_0+1=2\cdot 1+1=3,\ q_1=a_1=2$

$p_2=a_2p_1+p_0=3\cdot 3+1=10,\ q_2=a_2q_1+q_0=3\cdot 2+1=7$

$p_3=a_3p_2+p_1=3\cdot 10+3=33,\ q_3=a_3q_2+q_1=3\cdot 7+2=23$

$p_4=a_4p_3+p_2=2\cdot 33+10=76, q_4=a_4q_3+q_2=2\cdot 23+7=53$

$p_5=a_5p_4+p_3=1\cdot 76+33=109,\ q_5=a_5q_4+q_3=1\cdot 53+23=76$

4. (1) $x=[\overline{2;3}]$로 놓으면 $x=2+\dfrac{1}{3+\dfrac{1}{x}}=2+\dfrac{x}{3x+1}=\dfrac{7x+2}{3x+1}$ 즉 $3x^2-6x-2=0$

따라서 $x=\dfrac{3+\sqrt{15}}{3}$

(2) $x=[0;\overline{1,2,3}],\ y=[\overline{1;2,3}]$로 놓으면 $y=\dfrac{10y+3}{7y+2}$에서 $7y^2-8y-3=0$

즉 $y=\dfrac{4+\sqrt{37}}{7}$ 따라서 $x=\dfrac{1}{y}=\dfrac{-4+\sqrt{37}}{3}$

(3) $x=[2;\overline{1,2,1}],\ y=[\overline{1,2,1}]$로 놓으면 $y=\dfrac{4y+3}{3y+2}$에서 $3y^2-2y-3=0$

즉 $y=\dfrac{1+\sqrt{10}}{3}$ 따라서 $x=2+\dfrac{1}{y}=\dfrac{5+\sqrt{10}}{3}$

(4) $x=[1;2,\overline{3,1}], y=[\overline{3,1}]$로 놓으면 $y=\dfrac{4y+3}{y+1}$에서 $y^2-3y-3=0$

즉 $y=\dfrac{3+\sqrt{21}}{2}$ 따라서 $x=1+\dfrac{1}{2+\dfrac{1}{y}}=\dfrac{3y+1}{2y+1}=\dfrac{19-\sqrt{21}}{10}$

5. (1) $\sqrt{5}=2+(\sqrt{5}-2)$

$\dfrac{1}{\sqrt{5}-2}=\sqrt{5}+2=4+(\sqrt{5}-2)$

$\therefore\ \sqrt{5}=[2;\overline{4}]$

(2) $\sqrt{7}=2+(\sqrt{7}-2)$

$\dfrac{1}{\sqrt{7}-2}=\dfrac{\sqrt{7}+2}{3}=1+\dfrac{\sqrt{7}-1}{3}$

$\dfrac{3}{\sqrt{7}-1}=\dfrac{\sqrt{7}+1}{2}=1+\dfrac{\sqrt{7}-1}{2}$

$\dfrac{2}{\sqrt{7}-1}=\dfrac{\sqrt{7}+1}{3}=1+\dfrac{\sqrt{7}-2}{3}$

$\dfrac{3}{\sqrt{7}-2}=\sqrt{7}+2=4+(\sqrt{7}-2)$

$\therefore\ \sqrt{7}=[2;\overline{1,1,1,4}]$

(3) $\dfrac{1+\sqrt{13}}{2}=2+\dfrac{\sqrt{13}-3}{2}$

$\dfrac{2}{\sqrt{13}-3}=\dfrac{\sqrt{13}+3}{2}=3+\dfrac{\sqrt{13}-3}{2}$

$\therefore\ \dfrac{1+\sqrt{13}}{2}=[2;\overline{3}]$

6. (1) $y=3, x=10$ (2) $y=4, x=17$ (3) $y=2, x=11$

7. (1) $x=3, y=2$가 최소 양의 정수해이다. $(3+2\sqrt{2})^2=17+12\sqrt{2}$ 에서 $x=17, y=12$

$(3+2\sqrt{2})^3=(17+12\sqrt{2})(3+2\sqrt{2})=99+70\sqrt{2}$ 에서 $x=99, y=70$

(별해) $\sqrt{2}=1+(\sqrt{2}-1)$, $\dfrac{1}{\sqrt{2}-1}=\sqrt{2}+1=2+(\sqrt{2}-1)$에서 $\sqrt{2}=[1;\overline{2}]$

$p_0=a_0=1,\ q_0=1$

$p_1=a_1a_0+1=2\cdot1+1=3,\ q_1=a_1=2\quad\therefore x=3, y=2$

$p_2=a_2p_1+p_0=2\cdot3+1=7,\ q_2=a_2q_1+q_0=2\cdot2+1=5$

$p_3=a_3p_2+p_1=2\cdot7+3=17,\ q_3=a_3q_2+q_1=2\cdot5+2=12\quad\therefore x=17, y=12$

$p_4=a_4p_3+p_2=2\cdot17+7=41,\ q_4=a_4q_3+q_2=2\cdot12+5=29$

$p_5=a_5p_4+p_3=2\cdot41+17=99, q_5=a_5q_4+q_3=2\cdot29+12=70\quad\therefore x=99, y=70$

(2) $\sqrt{5}=[2;\overline{4}]$

$p_0=a_0=2,\ q_0=1$

$p_1=a_1a_0+1=4\cdot2+1=9,\ q_1=a_1=4\quad\therefore x=9, y=4$

$p_2=a_2p_1+p_0=4\cdot9+2=38,\ q_2=a_2q_1+q_0=4\cdot4+1=17$

$p_3 = a_3p_2 + p_1 = 4 \cdot 38 + 9 = 161, q_3 = a_3q_2 + q_1 = 4 \cdot 17 + 4 = 72 \quad \therefore x = 161, y = 72$

참고로, $(9 + 4\sqrt{5})^2 = 161 + 72\sqrt{5}$ 에서 $\therefore x = 161, y = 72$

8. $\sqrt{33} = 5 + (\sqrt{33} - 5)$

$$\frac{1}{\sqrt{33}-5} = \frac{\sqrt{33}+5}{8} = 1 + \frac{\sqrt{33}-3}{8}$$

$$\frac{8}{\sqrt{33}-3} = \frac{\sqrt{33}+3}{3} = 2 + \frac{\sqrt{33}-3}{3}$$

$$\frac{3}{\sqrt{33}-3} = \frac{\sqrt{33}+3}{8} = 1 + \frac{\sqrt{33}-5}{8}$$

$$\frac{8}{\sqrt{33}-5} = \sqrt{33} + 5 = 10 + (\sqrt{33} - 5)$$

$\therefore \ \sqrt{33} = [5; \overline{1, 2, 1, 10}]$

$p_0 = a_0 = 5, \ q_0 = 1$

$p_1 = a_1a_0 + 1 = 5 \cdot 1 + 1 = 6, \ q_1 = a_1 = 1$

$p_2 = a_2p_1 + p_0 = 2 \cdot 6 + 5 = 17, \ q_2 = a_2q_1 + q_0 = 2 \cdot 1 + 1 = 3$

$p_3 = a_3p_2 + p_1 = 1 \cdot 17 + 6 = 23, \ q_3 = a_3q_2 + q_1 = 1 \cdot 3 + 1 = 4 \quad \therefore x = 23, y = 4$

참고로, $(23 + 4\sqrt{33})^2 = 1057 + 184\sqrt{33}$ 에서 $\therefore x = 1057, y = 184$

9. (1) $\sqrt{41} = 6 + (\sqrt{41} - 6)$

$$\frac{1}{\sqrt{41}-6} = \frac{\sqrt{41}+6}{5} = 2 + \frac{\sqrt{41}-4}{5}$$

$$\frac{5}{\sqrt{41}-4} = \frac{\sqrt{41}+4}{5} = 2 + \frac{\sqrt{41}-6}{5}$$

$$\frac{5}{\sqrt{41}-6} = \sqrt{41} + 6 = 12 + (\sqrt{41} - 6)$$

$\therefore \ \sqrt{41} = [6; \overline{2, 2, 12}]$

$p_0 = a_0 = 6, \ q_0 = 1$

$p_1 = a_1a_0 + 1 = 2 \cdot 6 + 1 = 13, \ q_1 = a_1 = 2$

$p_2 = a_2p_1 + p_0 = 2 \cdot 13 + 6 = 32, \ q_2 = a_2q_1 + q_0 = 2 \cdot 2 + 1 = 5$

$p_3 = a_3p_2 + p_1 = 12 \cdot 32 + 13 = 397, \ q_3 = a_3q_2 + q_1 = 12 \cdot 5 + 2 = 62$

$p_4 = a_4p_3 + p_2 = 2 \cdot 397 + 32 = 826, \ q_4 = a_4q_3 + q_2 = 2 \cdot 62 + 5 = 129$

$p_5 = a_5p_4 + p_3 = 2 \cdot 826 + 397 = 2049, \ q_5 = a_5q_4 + q_3 = 2 \cdot 129 + 62 = 320$

$\therefore x = 2049, y = 320$

(2) $p_2 = 32, \ q_2 = 5$ 에서 $\therefore x = 32, y = 5$

10. $(x^2-dy^2)(u^2-dv^2)=(x+y\sqrt{d})(x-y\sqrt{d})(u+v\sqrt{d})(u-v\sqrt{d})$

$$=(x+y\sqrt{d})(u-v\sqrt{d})(x-y\sqrt{d})(u+v\sqrt{d})$$

$$=(xu-dvy-(xv-yu)\sqrt{d})(xu-dvy+(xv-yu)\sqrt{d})$$

$$=(xu-dvy)^2-d(xv-yu)^2$$

(별해) $\begin{pmatrix} x & yd \\ y & x \end{pmatrix}\begin{pmatrix} u & vd \\ v & u \end{pmatrix}=\begin{pmatrix} xu+dyv & d(xv+yu) \\ xv+uy & xu+dyv \end{pmatrix}$, $\det(AB)=\det(A)\det(B)$에서

$(x^2-dy^2)(u^2-dv^2)=(xu+dvy)^2-d(xv+yu)^2$

11. (1) $x^2=x-y+3x^2-3y^2=(x-y)(3x+3y+1)$

$y^2=x-y+2x^2-2y^2=(x-y)(2x+2y+1)$

그런데 $(3(x+y)+1, 2(x+y)+1)=1$이므로 $x-y=(x^2,y^2)=(x,y)^2$

따라서 $2x+2y+1=a^2$, $3x+3y+1=b^2$으로 놓을 수 있다.

(2) $x=db$, $y=da$, $(a,b)=1$로 놓으면 $d^2=x-y$ 즉 $d^2=db-da \Rightarrow d=b-a$

$\therefore x=(b-a)b, y=(b-a)a$

(1)에서 $3a^2-2b^2=1$을 얻는데 방정식의 해는 다음 식에 의해 얻어진다.

$(\sqrt{3}+\sqrt{2})^{2n+1}=a_n\sqrt{3}+b_n\sqrt{2}$

혹은 점화식

$a_{n+1}\sqrt{3}+b_{n+1}\sqrt{2}=(a_n\sqrt{3}+b_n\sqrt{2})(5+2\sqrt{6})$

에서 $a_{n+1}=5a_n+4b_n$, $b_{n+1}=6a_n+5b_n$을 얻고 $a_1=1, b_1=1$이므로

$a_2=9, b_2=11$ 즉 $x_2=22, y_2=18$

12. $3n+1=x^2$, $4n+1=y^2$, $y^2-x^2=n \Rightarrow y$는 홀수 $\Rightarrow n$은 짝수 $\Rightarrow x$는 홀수 $\therefore 8|n$

($\because$ x, y가 홀수일 때, $8|y^2-x^2$)$4x^2-3y^2=4(3n+1)-3(4n+1)=1$

$w=2x$로 놓으면 $w^2-3y^2=1$펠방정식의 해는 $(2+\sqrt{3})^n=w_n+\sqrt{3}y_n$

$n=1,3,5,\cdots$일 때 w_n은 짝수이므로 $2+\sqrt{3}$에서 시작해서 계속 $(2+\sqrt{3})^2=7+4\sqrt{3}$을 곱하면 된다. 즉 $2x_{n+1}+\sqrt{3}y_{n+1}=(2x_n+\sqrt{3}y_n)(7+4\sqrt{3})$에서

$w_{n+1}=2x_{n+1}=14x_n+12y_n$, $\quad y_{n+1}=8x_n+7y_n$

이므로 $x_{n+1}=7x_n+6y_n\equiv -y_n \pmod 7$, $y_{n+1}=8x_n+7y_n\equiv x_n \pmod 7$

따라서 $y_{n+1}^2-x_{n+1}^2\equiv x_n^2-y_n^2\equiv n\equiv 0 \pmod 7$ $\therefore 7|n$

그러므로 $56|n$

찾아보기

저자약력

윤영진(尹永振)

서울대학교 자연과학대학 수학과 졸업
서울대학교 자연과학대학 대학원 수학과 졸업(이학석사)
University of North Texas 대학원 수학과 졸업(이학박사)
현재 군산대학교 자연과학대학 수학정보통계학부 교수
[저서] 미분적분학(공저), 조합수학(공저), 수학개론(공저)
특별한 수를 중심으로 조합수학, 정수론입문,
그래프이론, 새로운 조합수학, 새로운 이산수학,
대학기초수학(공저), 대학수학의 이해(공저),
정수론 문제 탐구, 기초미분적문학

정 수 론

2011년 8월 25일 1판 1쇄 발행
2023년 7월 5일 1판 3쇄 발행

저 자 / 윤영진
발행자 / 오판근
발행처 / 교우사

주 소 / 서울특별시 동대문구 약령시로 8 교우빌딩 2층
전 화 / 925-2861(代), 편집부 / 925-2825
팩 스 / 925-2860

E-mail / kyowoo@kyowoo.co.kr
http://www.kyowoo.co.kr

등록 / 1994. 3. 24 제6-0256호

ISBN 978-89-8172-865-6 (93410)

값 22,000 원